Pioneros
del cosmos

ARCA DE DARWIN

[22]

Pioneros del cosmos

La curiosidad de los que dieron forma a nuestro universo

Antonio Pérez-Verde

menos**cuarto**
EDICIONES

Arca de Darwin
Colección dirigida por JOSÉ RAMÓN ALONSO

© Antonio Pérez-Verde, 2025
© del prólogo, Javier Cacho
© del epílogo, Alberto de Zunzunegui
© de esta edición, MENOSCUARTO EDICIONES

ISBN: 978-84-19964-36-6
Dep. Legal: P-82/2025

Diseño de cubierta: GRUPO ANTENA
Corrección de pruebas: BEATRIZ ESCUDERO

Impresión: GRÁFICAS ZAMART (PALENCIA)
Printed in Spain - Impreso en España

Edita: MENOSCUARTO EDICIONES, S.L
    Cardenal Almaraz, 4 - 1.º F
    34005 PALENCIA (España)
    Tfno. y fax: (+34) 979 70 12 50
    correo@menoscuarto.es

A mi hermana Mariam,
por su apoyo.

A mis sobrinos Javier y Lola,
para que siempre conserven esa curiosidad.

"La curiosidad es una llama eterna
que arde en la mente de todos."

CLARA MA

ÍNDICE

Prólogo

Javier Cacho

Escribir un prólogo tiene, al menos, dos ventajas. La primera es el privilegio de leer el libro cuando acaba de salir de la cabeza y del corazón del autor. Esto no es simplemente un tema de curiosidad, es algo más. Para los que nos gusta la naturaleza, es como adentrarse por una senda poco transitada de un bosque, o como caminar por un campo después de una nevada sintiendo ese crujir de la nieve bajo tus pisadas.

La segunda ventaja, que también es importante para un divulgador tal y como yo me considero, es que con lo que has sentido al leer el libro vas a invitar a otros lectores a seguir tus pasos. Volviendo al símil de antes, es como ir poniendo marcas en el bosque para que los demás te sigan. No se trata de decirles lo que tienen que aprender o sentir al leer el libro, solo es animarlos a que comiencen la lectura y dejarles entrever lo que van a encontrar.

Para empezar, diré que se nota que el libro ha sido escrito por alguien con alma de divulgador, que ha escrito otros libros, que ha dado cursos y conferencias, que ha mostrado el cielo nocturno cientos de veces y que ha tratado de transmitir su pasión por ese mundo estrellado a todo el que se ha acercado a él. Y ese deseo por compartir lo que uno siente es algo que siempre impregna lo que uno hace, ya sea una entrevista en una emisora de radio, una clase en un colegio, una charla con amigos o, como es el caso, este libro.

Nada más comenzar a leer el libro me encontré con una cita que me impresionó: "La curiosidad es una llama eterna que arde en la mente de todos". No podría estar más de acuerdo. He sido científico al igual que Antonio Pérez-Verde y fue la curiosidad lo que nos movió en nuestras investigaciones y, ahora que escribo sobre exploración polar, he comprendido el papel que la curiosidad ha jugado a lo largo de toda la historia de la humanidad. Por lo tanto, esa cita tan llena de poesía me dejó una sonrisa en los labios que no he perdido en toda la lectura del libro.

Inmediatamente, mi curiosidad me hizo preguntarme quién era Clara Ma. Resultó que era una muchacha de un centro educativo de Kansas que tenía doce años cuando participó en un concurso organizado por la NASA para elegir el nombre del rover que en 2012 aterrizaría en el planeta Marte. El nombre propuesto por Clara Ma fue *Curiosity*, curiosidad, que es precisamente el hilo conductor que el autor, Antonio, ha seguido a todo lo largo de este libro.

Curiosidad por saber qué es esto que llamamos "universo", dónde estamos inmersos, de dónde ha salido o cómo ha evolucionado hasta el presente. Para satisfacer esa curiosidad, el autor nos explicará cómo surgió la teoría del Big Bang, la forma en que se ha desplegado el universo y sus posibles finales. Incluso nos hará viajar hasta Eärendel, la estrella más antigua que conocemos.

También curiosidad por comprender cómo ha evolucionado nuestro conocimiento sobre el sistema solar, nuestro entorno más inmediato mediante los modelos que, a lo largo de la historia, los pensadores han desarrollado para dar sentido a los movimientos de los objetos celestes que nos circundan. También por saber cómo evolucionan las estrellas y en particular el Sol, dada la trascendencia que tiene para nosotros. O cómo se inició la vida en la Tierra. Todo eso se encuentra en este libro, explicado de manera sencilla y atrayente.

No podía faltar satisfacer nuestra curiosidad por saber cómo era la relación con el cosmos de los primeros humanos. Para eso el autor nos llevará hasta el yacimiento de Göbekli Tepe (Turquía) y nos hará retroceder más de 11.000 años para interpretar algunos de sus dibujos, para luego pasearnos por Stonehenge (Reino Unido) o por el Dolmen de Soto (Huelva) y, finalmente, para describir el artefacto más sorprendente que nos ha legado la cultura griega: el mecanismo de Anticitera. Con este recorrido, el autor cambiará nuestra forma de considerar esos tiempos pretéritos, desterrando para siempre esa idea de incultura y barbarie con la que solemos mirar al pasado.

Esos conocimientos astronómicos y tecnológicos de nuestros antepasados, resultantes de la curiosidad por el cielo nocturno, convivieron con las primeras interpretaciones mitológicas. De nuevo, Antonio nos lleva con maestría por aquel mundo de dioses que permitieron a nuestros antepasados servirse de las estrellas para representar sus mitos y leyendas, para después, dando un salto en el tiempo, pasar a considerar otros objetos que también vemos en ese cielo en forma de galaxias, nebulosas y cúmulos estelares, sin olvidarse en ese recorrido de los cometas, los meteoros y las espectaculares auroras boreales.

No podía faltar en el libro un sentido reconocimiento al papel que las mujeres han tenido en la ciencia de la astronomía. Su curiosidad fue capaz de vencer todas las trabas que les pusieron. Así, como comenta el autor, durante años se obstaculizó su aproximación a la ciencia de las estrellas pagándoles sueldos ridículos por un trabajo de calidad. Incluso se trató de sepultar deliberadamente sus contribuciones a la astronomía, obligando a que sus investigaciones científicas tuvieran que ser presentadas por hombres.

Por supuesto, uno de los capítulos está dedicado a la llamada Carrera Espacial, la competición que protagonizaron los

Estados Unidos y la extinta Unión Soviética para ser los primeros en pisar la Luna, donde el autor no solo se circunscribe al pasado, sino que además detalla los planes que se están llevando a cabo para regresar a nuestro satélite. Del mismo modo, hace un extenso recorrido por las sondas más destacables que han sido enviadas a Marte, entre las que se encuentra el rover de exploración Curiosity, que todavía sigue moviéndose por la superficie del planeta rojo aportando una ingente cantidad de datos con los que los científicos tratan de colmar su curiosidad por conocer la evolución de ese cuerpo celeste.

El libro termina con uno de los temas más candentes de la actualidad astronómica y que más despierta la curiosidad entre la sociedad: el descubrimiento de exoplanetas y la posibilidad de que alguno pueda albergar vida. Se explican los métodos utilizados para detectarlos, tanto desde tierra como desde el espacio. En este último caso, se introducen algunas de las misiones espaciales que han permitido su descubrimiento.

Además, y a mí me parece de gran interés, a lo largo de todo el libro el autor nos ofrece siempre una pincelada sobre la vida de los pensadores, científicos y tecnólogos que estructuraron todo este saber. Ante nuestros ojos se irán sucediendo los episodios que configuraron su progresión intelectual y que sentaron las bases de sus aportaciones al conocimiento. De esta manera tan sencilla, pero eficaz, Antonio nos aproxima a sus investigaciones, diríamos que las humaniza, haciéndolas inmensamente atrayentes.

En definitiva, un libro que merece ser leído porque nos proporcionará, en un lenguaje sencillo, información valiosa sobre todas esas preguntas que nos hemos hecho al contemplar un cielo estrellado. Despertando, además, nuevas preguntas porque como decía Clara Ma, "la curiosidad es una llama eterna que arde en la mente de todos".

INTRODUCCIÓN

Cómo se fraguó todo

A veces las casualidades nos abren puertas inesperadas. Fruto de una de ellas es el libro que tienes entre las manos. Me gustaría aprovechar esta introducción para contarte cómo surgió todo y cuál es su propósito.

Según he consultado en el calendario de mi teléfono, el 2 de febrero de 2023 asistí —con Rosana, mi pareja— a un evento en la librería del Círculo de Bellas Artes de Madrid. Estábamos sentados en el extremo de una fila y, a mi lado, una estantería exhibía dos libros de un buen amigo: Javier Cacho.

Si conoces a Javier, poco puedo añadir; si no, permíteme que te lo presente: es un auténtico renacentista. Su carrera en el Instituto Nacional de Técnica Aeroespacial (INTA) es extensa y allí fue donde lo conocí, en el año 2009. Mucho antes, en 1986, participó en la primera expedición científica española a la Antártida y, con el tiempo, llegó a dirigir la Base Juan Carlos I en el continente helado. Ahora es un escritor y divulgador especializado en expediciones polares como bien dice en el prólogo, pero, ante todo, es un buen amigo que siempre ofrece una conversación interesante. En 2020 recibió un reconocimiento grandioso: el Comité Científico para la Investigación en la Antártida bautizó una isla con su nombre: Cacho Island. A finales de 2024, esta isla apareció incluso en un sello de Correos.

Volviendo a la tarde del evento, al salir de la librería pensé: "tengo que llamar a Javier, hace tiempo que no hablamos". Pero él se adelantó con un mensaje breve y directo: "Antonio, quiero hablar contigo para proponerte algo". Lo llamé y me contó sobre un viaje que realizó en barco, navegando por aguas nórdicas, visitando aquellos majestuosos fiordos y observando las maravillosas auroras boreales. Este tipo de travesías, según me dijo, se hacían en barcos clásicos, singulares, de baja capacidad y, a bordo de ellos, a los pasajeros se les ofrecía una serie de conferencias orientadas a fomentar el conocimiento mediante la cultura y los valores humanos desde un punto de vista científico y humanista. Javier fue uno de los ponentes y, cuando le preguntaron si conocía a alguien que pudiese hablar de astronomía para una travesía que estaban planificando, se acordó de mí —algo que le agradezco enormemente— y me puso en contacto con Alberto de Zunzunegui.

El 16 de febrero de 2023 me reuní con Alberto y, desde el primer momento, me resultó fascinante. Alberto es socio y director general de WWNA (WorldWide Nautic-All), académico correspondiente de la Real Academia de la Mar, conferenciante, docente y, por supuesto, navegante. Me propuso ser uno de los ponentes en la travesía "600 millas bajo las estrellas", organizada por Oceanosophia —entidad coordinada por Alberto— para hablar de astronomía junto a otro ponente, Josep Gutiérrez, que hablaría de navegación astronómica. La única condición que me puso Alberto es que las conferencias deberían de tener un gran componente humanista. Por lo demás, total libertad.

Por supuesto, acepté. Tenía que preparar ocho conferencias para exponer a bordo del Atlantis, un velero bergantín-goleta de principios del siglo XX, en una travesía de diez días entre Olbia, en la isla de Cerdeña (Italia), y Cartagena. El viaje, que se desarrollaría entre octubre y noviembre, incluiría paradas en Cala di Volpe, frente a Capriccioli (Cerdeña); Bonifacio, en la isla de Córcega (Francia); y Palamós.

De inmediato, me dediqué a pensar en las ocho temáticas a tratar y decidí que todas siguieran una misma línea argumental. Se me ocurrió que ese nexo podría ser la curiosidad humana por conocer y explorar el cosmos, del mismo modo que la tuvieron los primeros navegantes y que los llevó a ampliar los límites del mundo. Así, la visión humanista estaba asegurada.

Me planteé además el reto de recuperar a esas personas relevantes en el mundo de la ciencia que no son tan conocidas como Einstein, Newton o Galileo, pero cuyo papel resulta fundamental para comprender el universo tal y como lo conocemos. Es por eso por lo que figuras como Georges Lemaître, Michel Mayor, Cecilia Payne-Gaposchkin o Henrietta Swan Leavitt, entre muchos otros, son los verdaderos protagonistas.

En pocos días tenía estructuradas esas ocho conferencias y entonces, me surgió una idea: ¿y si todo el material que voy a utilizar en las ponencias las utilizo para escribir un libro? Me respondí a la pregunta y aquí está el resultado. Del mismo modo que hice en las conferencias, he querido rescatar a esos pioneros que, con su curiosidad, nos abrieron las puertas del conocimiento del cosmos, poniendo de manifiesto la importancia de esas figuras que a ojos de la historia no han sido tan mediáticas. Por eso, este libro es un homenaje no solo a esos investigadores, inventores o filósofos que marcaron el camino, sino también a los que en la actualidad constituyen la base de la ciencia sobre la que se cimientan los grandes descubrimientos que nos hacen avanzar.

Llegó el viaje, momento esperado con nerviosismo. Por mi parte, nunca había navegado tanto tiempo seguido, y mucho menos en un barco como el Atlantis, que podría estar sacado de una película de piratas. A bordo, mis compañeros de travesía fueron los primeros en aportar sugerencias, comentarios y matices que enriquecieron cada conferencia y, por extensión, este libro. Algunas de las ponencias, las pude ofrecer sobre un mar tranquilo; otras, por contra, no estaba tan apacible. La travesía fue espectacular por los paisajes que pudimos ver, por las experiencias vividas, pero, sobre todo, por la compañía a bordo.

En paralelo, la Federación de Asociaciones Astronómicas de España (FAAE) organizó un curso para certificarse como Divulgador Astronómico. Para ello, tras la parte teórica había que presentar un proyecto final. Lo titulé *600 millas bajo las estrellas,* una propuesta para desarrollar una serie de conferencias bajo un mismo hilo conductor, que estarían complementadas con la publicación de un libro, donde se expondrían más detalladamente todos los contenidos, resaltando el papel de los pioneros que allanaron el camino hacia nuestra comprensión actual del universo. Ese proyecto se ha materializado en las charlas del Atlantis,

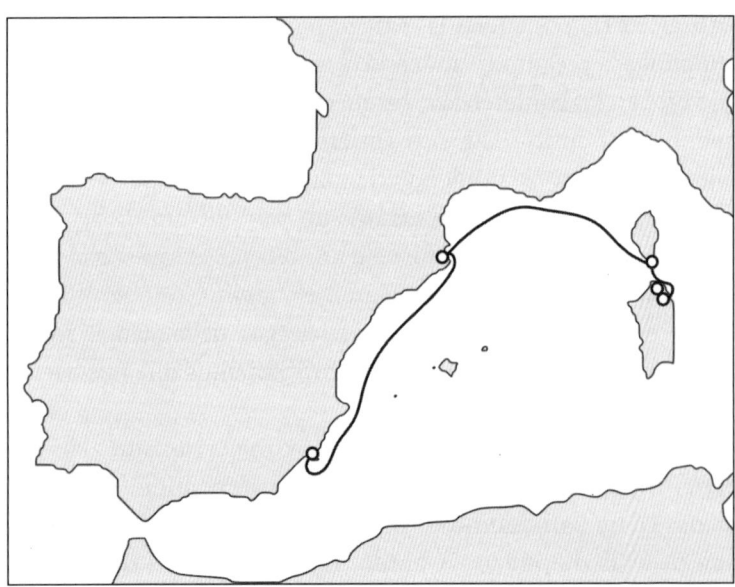

primero, y en este libro, después, en el que he querido tener un pequeño detalle con Javier Cacho y Alberto de Zunzunegui, ofreciéndoles formar parte de él en el prólogo y en el epílogo, respectivamente.

Lector, lectora, para mí es un placer que estés en posesión de este ejemplar que he tratado de escribir con gusto, respeto y cariño. Mi intención es que te traslades a otras épocas y lugares, que percibas la emoción de aquellos que ampliaron nuestro horizonte cósmico y te sientas partícipe de ello. Este libro supone el cierre perfecto para aquellas *600 millas bajo las estrellas* y eso hace que para mí sea algo muy especial. Espero que al leerlo sientas esa misma curiosidad y fascinación que sentí al escribirlo.

Por último, si me lo permites, imagina que estás en la cubierta del Atlantis, sintiendo el viento en la cara, percibiendo los aromas que ofrece el mar, viendo cómo el viento empuja las velas, cómo los cientos de cabos sujetan todo para que el barco navegue con armonía y sientas el vaivén del mar. Ponte cómodo, ponte cómoda, y disfruta de este viaje.

UNIVERSO

Origen, evolución y posibles finales

¿Qué es el universo? El universo lo es todo: espacio, tiempo, materia, energía... Todo lo que podamos imaginar está dentro de él. Desde Laniakea —el supercúmulo de galaxias al que pertenecemos— hasta los diminutos electrones que conforman las corrientes nerviosas que recorren tu cuerpo mientras lees estas palabras. Incluso lo que aún no se ha descubierto, está en él. El filósofo trascendentalista estadounidense Ralph W. Emerson, afirmó que "el hombre es un pedazo de universo hecho vida". De hecho, los átomos que nos componen no se generan dentro del vientre de nuestra madre, ni los creamos a medida que crecemos, sino que están ya presentes desde hace muchísimo tiempo y los vamos incorporando a nuestro organismo. Por ejemplo, un átomo de hierro, que se forjó hace miles de millones de años en una explosión de supernova increíblemente lejana, recorrió un largo viaje para que ese fragmento del cosmos formase parte de otro rincón del universo: tu cuerpo.

En apenas dos mil años, se ha pasado de creer que la Tierra era una esfera inmóvil en el centro del cosmos, a comprender que la Tierra gira alrededor de una estrella relativamente pequeña, situada en la periferia de uno de los cientos de miles de millones de galaxias que hay en el universo. Ahora bien, ¿cómo comenzó todo? La respuesta correcta es que no se sabe. Solo se puede hablar de teorías, aunque algunas son más aceptadas que otras. La más admitida por la comunidad científica es la del Big Bang. Para comprender el origen de esta teoría que sostiene que todo comenzó con una especie de gran explosión, es necesario mencionar la figura de un religioso que tenía una capacidad científica sin mesura. ¿O quizás se trata de un científico con vocación religiosa? Sea como sea, su nombre es Georges Lemaître.

Nació el 17 de julio de 1894 en la ciudad belga de Charleroi en el seno de una familia acomodada donde su padre, Maurice, era abogado y juez, mientras que su madre, Anna Maria, procedía de una familia de banqueros. Al joven Georges le encantaba ir a la escuela, y ya desde su infancia, destacaba como un alumno de mente privilegiada en el colegio jesuita Sacré Coeur, situado en la ciudad carolorregiense. No era casualidad que despuntara en física y química o en retórica y poesía, ya que tuvo la gran influencia de uno de sus profesores, el padre Ernest Verreux. Al joven le llamaba la atención la doble vocación que mostraba su maestro en sus vertientes religiosa y científica, algo que más tarde él mismo tendría. Lemaître demostró ser alguien polifacético y curioso, aunque, sobre todo, era un prodigio en matemáticas. En 1911, tras su paso por los jesuitas, comenzó una nueva etapa estudiantil en Bruselas (Bélgica) como estudiante del colegio católico preuniversitario Saint-Michel, donde ya tendría que empezar a decidir sobre su futuro.

Dos años después obtuvo su título y, siguiendo la recomendación de su padre, se decantó por la Ingeniería de Minas en la Universidad Católica de Lovaina (Bélgica), algo que compaginó con estudios de filosofía. Tras graduarse como ingeniero en 1913, comenzó a trabajar, pero su carrera laboral se vio truncada por el estallido de la Primera Guerra Mundial. Lo dejó todo y se alistó en el V Cuerpo de Voluntarios del ejército belga. El conflicto bélico finalizó en 1918 y, a partir de ahí, Lemaître decidió estudiar lo que realmente le llamaba la atención, que era la física y las matemáticas, obteniendo su primer doctorado en esta última disciplina. Tras lograrlo, cambió de rumbo. Dejó de lado su carrera científica y se volcó en su faceta religiosa, ya que también quería ser sacerdote. El belga tenía la opinión de que ciencia y religión no eran excluyentes y quería explorar los puntos de unión entre ambas. Para ello, se formó en el seminario de Malinas, en Bruselas, logrando su ordenación en 1923.

Lemaître ya había adquirido tanto conocimientos científicos como religiosos en una combinación poco habitual: era un sacerdote doctorado en matemáticas, además de los estudios que había cursado anteriormente. Tras ser ordenado sacerdote volvió a dar un cambio de rumbo y decidió retomar su faceta científica. Ese mismo año de 1923, se incorporó a la Universidad de Cambridge (Reino Unido) a través de una beca como estudiante de investigación bajo la supervisión de Arthur Eddington, quien el año anterior había publicado un libro titulado *Espacio, tiempo y gravitación*. Lemaître lo leyó con fascinación y fue en esas páginas donde se encontró por primera vez con la teoría de la relatividad de Albert Einstein. El belga no es que se limitara a comprenderla, sino que además la reinterpretó. Tras esto, Lemaître cruzó el océano para ingresar en el Harvard College Observatory (Estados Unidos) con el fin de obtener un nuevo doctorado, esta vez en astrofísica, aunque allí no le dieron la opción. Como consecuencia, se trasladó al también estadounidense MIT (Massachusetts Institute of Technology) para investigar, entre otras cosas, la relatividad. Además, allí conoció a alguien que sería fundamental en su carrera: Edwin Hubble.

Cuando Lemaître tenía treinta y un años le ofrecieron una cátedra en la Universidad Católica de Lovaina, allí donde años atrás se graduó como ingeniero. Aceptó debiendo, por tanto, de abandonar Estados Unidos y sus planes de doctorarse. Sin embargo, en la universidad belga fue donde dio los primeros pasos para convertirse en el científico que llegaría a ser. Allí volvió a coincidir con un profesor al que había conocido en su etapa de estudiante, Ernest Pasquier, aunque ahora ya tenía el cargo de profesor emérito. Este le propuso analizar sus hipótesis que intentaban explicar el origen y la evolución del universo. Era todo un reto para Lemaître, aunque, por otro lado, no dudó en asumirlo dada la curiosidad que sentía por profundizar en un campo tan apasionante como aquel. Así que del mismo modo que el libro de Eddington lo inspiró para adentrarse en el mundo de la relatividad, el emérito logró que el ahora catedrático belga pensase en el cosmos como algo dinámico. Lemaître, muy motivado, resolvió las ecuaciones de Einstein relacionadas con la geometría del espacio. Poco tiempo después, ambos coincidieron en Bruselas durante el Congreso Solvay de 1927 donde Einstein, defensor de un universo estático, no compartió la solución propuesta por Lemaître acerca de un universo dinámico.

El belga intentaba a toda costa unir ciencia y religión, y la realidad era que la concepción del universo vista por la Iglesia distaba mucho de las observaciones astronómicas y de los datos que se estaban obteniendo de manera empírica. Por eso, Lemaître intentaba encontrar una solución que satisficiera a ambos, lo que le llevó a investigar para profundizar sobre el origen y la evolución del universo. Los análisis que realizó se apoyaron en las observaciones de Vesto Slipher y Carl Wilhelm Wirtz, quienes observaron cierto corrimiento al rojo en las entonces llamadas nebulosas espirales[1]. Ese factor indicaba un alejamiento de esos objetos con respecto a nuestra posición, por lo que el belga comenzó a hipotetizar sobre la expansión del cosmos. Sus investigaciones no tuvieron repercusión por varios motivos. Uno era que su mentor,

---

[1] En aquella época, todavía no se conocía el concepto de galaxia más allá de la Vía Láctea y se les denominaba nebulosas.

Eddington, no estaba de acuerdo con esa idea de un universo creciente; otra, que Einstein defendía un cosmos estático y las ideas del alemán tenían mucho peso en la comunidad científica. En sus investigaciones, Lemaître había establecido una relación entre la distancia al objeto y la velocidad a la que se desplazaba, algo que le permitió alcanzar el objetivo que empezó a buscar años atrás: doctorarse en astrofísica, algo que logró en 1929. Ese mismo año, Edwin Hubble, a quien ya conoció en el MIT, había mejorado mucho los cálculos en base a sus propias observaciones, llegando a una relación entre distancia y velocidad mucho más precisa que la del belga, estableciendo una ley que se conoció como Ley de Hubble. Con esos datos, Eddington no pudo rebatir los argumentos que le había planteado el que fue su pupilo. Al año siguiente, el propio Eddington ofreció una conferencia donde se refirió al trabajo de Lemaître como "una contribución decididamente original que da una respuesta asombrosamente completa a los diversos problemas que plantea la cosmogonía de Einstein". Con este gran apoyo, los trabajos del belga fueron traducidos al inglés y el nombre de Georges Lemaître se hizo famoso en la comunidad científica.

Dada su popularidad, en aquellos ámbitos todos conocían la intención de Lemaître a la hora de relacionar ciencia y religión. Para hablar de ello, le propusieron ofrecer una conferencia durante una reunión de la British Science Association. Le sugirieron que la temática tratase precisamente de eso: la relación entre la religión y la ciencia en lo referente a la comprensión del universo. Ahí dio a conocer una idea en la que llevaba pensando un par de años, que no era otra que la hipótesis de una expansión del universo a partir de un átomo primigenio. Ese razonamiento proporcionaba un momento inicial del universo, encajando con la idea religiosa de la Creación. Según este supuesto, la materia y el espacio-tiempo estaban confinados bajo unas condiciones de extraordinaria densidad que, en un momento dado, experimentó una especie de explosión. Cuando recopiló todos los datos que sustentaban esta hipótesis, los publicó[2] en la prestigiosa revista científica *Nature*.

Muchos científicos se mostraron disconformes ante el artículo y el principal motivo era que Lemaître había dado forma a su idea basándose en sus creencias religiosas. Uno de los más críticos con el belga fue el astrofísico británico Fred Hoyle, que años después, en 1949, y con un tono burlesco, bautizó este origen del universo como *Big Bang* o Gran Explosión. Hoyle defendía la idea de un universo estacionario, es decir, que se expande, pero no así los elementos que lo componen. Por lo tanto, se genera materia a medida que aumenta de tamaño para mantener constante el valor de su densidad. Hoy, ese tira y afloja entre un universo estable, como el que defiende Hoyle, y un universo en expansión, por el que aboga Lemaître, está inclinado en favor de este último. No solo está sustentado por los aportes científicos actuales, sino también porque la teoría de la relatividad no es compatible con cuerpos estáticos en el universo.

El propio Einstein admitió de manera involuntaria la expansión del universo al introducir la conocida como constante cosmológica en sus ecuaciones. Gracias a ese valor, la resolución de las ecuaciones implicaba inequívocamente un universo dinámico. Más tarde, él mismo afirmó que el haber incluido la constante cosmológica fue su mayor error y no le quedó más remedio que rendirse ante los cálculos de Hubble. A principios de 1933 Einstein y Lemaître se encontraron por segunda vez. Se vieron en California (Estados Unidos) durante unas conferencias donde el alemán se mostró amable, postulándose a favor de un universo en expansión, aunque, eso sí, renegando de la idea del átomo

---

[2] *Nat.*, 127, 706 (1931).

primigenio. Lemaître tuvo suficiente con eso, ya que no insistió en defender su idea del origen del universo ante Einstein.

A mediados de ese mismo año, los dos científicos se volvieron a encontrar, esta vez en Bélgica, ya que Adolf Hitler había sido nombrado Canciller de la República alemana. A consecuencia de ello, el científico germano renunció a su nacionalidad, dimitió de todos sus cargos y se fue al país belga con el fin de preparar su exilio a Estados Unidos. Aprovechando la situación, el belga le organizó algunas conferencias, pudiendo asistir a una de ellas. Ese día, Einstein, de manera imprevista, anunció que a continuación Lemaître impartiría una ponencia no programada, justificando que "Lemaître tenía cosas interesantes que contar". El belga aceptó y, durante la improvisada conferencia, Einstein lo interrumpió en varias ocasiones con el único objetivo de alabar la presentación y terminar diciendo que "Lemaître era la persona que mejor había comprendido sus teorías de la relatividad". Einstein y Lemaître volvieron a coincidir una vez más, en 1935 durante el exilio del alemán en Estados Unidos.

Lemaître siguió investigando y cada vez fue ocupando más cargos en distintas universidades, pero la edad le iba pesando y, poco a poco, no tuvo más remedio que ir abandonando algunas de sus funciones. En su faceta religiosa, en 1960 fue nombrado Monseñor por el papa Juan XXIII. Cuatro años más tarde, en 1964, le dieron el puesto de profesor emérito de la Universidad Católica de Lovaina y aprovechó ese momento para retirarse por completo de la universidad de manera presencial. Con un Lemaître alejado del mundo científico, en 1965 su amigo y astrónomo Odon Godart le informó de un hallazgo por parte de Arno Penzias y Robert Wilson: habían descubierto la radiación de fondo de microondas[3]. Ese hallazgo era la evidencia que ne-

---

[3] Penzias y Wilson recibieron el Premio Nobel de Física en 1978 por ese hallazgo.

cesitaba la hipótesis del átomo primigenio, hoy conocida como "teoría del Big Bang", para desgracia de Hoyle. Poco después de ver validada su hipótesis, el 20 de junio de 1966, murió de leucemia.

Tiempo después, en 2018, durante la Asamblea General de la XXX Reunión de la IAU (International Astronomical Union), la Ley de Hubble fue sometida a un proceso de votación para ser renombrada. El resultado fue satisfactorio y desde aquel momento es conocida como Ley de Hubble-Lemaître.

* * *

Dando por buena la teoría del Big Bang, ¿qué fue lo que sucedió en los primeros instantes del universo? De acuerdo con el modelo cosmológico estándar, el inicio del cosmos tuvo lugar hace unos 13.800 millones de años. Hoy en día, la ciencia no pretende ofrecer los motivos que dieron lugar al Big Bang ya que carece de medios para hacerlo. Lo que sí intenta explicar es su evolución más temprana. De hecho, tan solo se puede teorizar sobre lo que sucedió a partir de un período de tiempo conocido como tiempo de Planck, que es un valor de tiempo extremadamente bajo. En realidad, es considerado como la unidad de tiempo más pequeña que puede ser medida. Tiene un valor de $5,39 \times 10^{-44}$ segundos, o lo que es lo mismo: 0,000...000539, con 43 ceros decimales antes del 539. A partir de ahí, se sucedieron una serie de etapas donde las más tempranas son extremadamente complejas. De hecho, en las siguientes páginas se hablará del universo temprano de una forma muy superficial, ya que entrar en detalles supondría ampliar muchísimo las páginas de este capítulo y ese no es el objetivo del libro. Por lo tanto, ¿qué sucedió a partir del Big Bang?

Entre el instante cero y el tiempo de Planck transcurre el período conocido como Era de Planck, donde la vida del universo es todo un misterio y muchas veces se divaga sobre si el cosmos tenía un tamaño tantas o cuantas veces más pequeño que un átomo. Es algo que nunca se sabrá. Lo que sí se puede asegurar es una obviedad, y es que en la Era de Planck su tamaño era inferior al que tenía cuando llegó el final de esta época.

Después aparece otro período que también es excepcionalmente breve, aunque tremendamente largo si se compara con la primera época. Con una duración de 10^{-32} segundos, la Era de la Inflación Cósmica —así se llama este nuevo lapso— resulta, de manera aproximada, un billón de veces más duradera que la de Planck. Se trata de una hipótesis que defiende una rápida expansión del universo en sus primeros instantes con el fin de explicar los aspectos que se observan hoy como, por ejemplo, su homogeneidad e isotropía. ¿Qué se entiende por un cosmos homogéneo e isótropo? En cuanto a la homogeneidad, significa que un punto tiene las mismas propiedades que cualquier otro punto siempre y cuando la escala sea lo suficientemente grande. Por otro lado, el carácter isótropo indica que se mire hacia donde se mire, siempre se miden las mismas propiedades.

La hipótesis de la Inflación Cósmica fue introducida en 1981 por el estadounidense Alan Guth, durante su período de investigador postdoctoral en el Stanford Linear Accelerator Center. Propuso un universo que experimentaría una hipcraceleración extremadamente breve, aunque decisiva para comprender el universo actual. Bajo esta premisa, durante el tiempo de la Era de la Inflación Cósmica el universo incrementó su tamaño en veinticinco órdenes de magnitud, o lo que es lo mismo, 10^{25} veces. Al iniciarse esta época, las cuatro fuerzas fundamentales de la naturaleza, a saber, electromagnética, gravitatoria, nuclear fuerte y nuclear débil, ya estaban separadas. Se piensa que, en la

Era de Planck, esas cuatro interacciones estaban unidas y podrían ser explicadas mediante una teoría de gran unificación. Esta teoría, hoy, es uno de los mayores retos de la física.

Esta expansión anómala fue provocada por una partícula, también hipotética, denominada inflatón, que generaría un campo de fuerza contrario a la gravedad. Es decir, si la interacción gravitatoria hace que los cuerpos se atraigan, el campo del inflatón provocaría que los cuerpos se repelieran. Dentro de esta hipótesis, la explicación a la homogeneidad e isotropía del universo viene dada por la hiperexpansión, que suavizó cualquier tipo de irregularidad presente en aquel incipiente cosmos, aunque a pesar de ello, todavía quedaron algunas rugosidades que fueron la semilla de las grandes estructuras que surgirían más tarde. A modo de comparación, es similar, salvando las distancias, a cuando se echa cacao en polvo en leche caliente: en un principio aparecen grumos; después, al darle vueltas con la cuchara, estos desaparecen y la leche toma un color uniforme. El hecho de remover el líquido sería el equivalente a la inflación, suavizando cualquier irregularidad donde, tras este proceso, también se tendría algo homogéneo e isótropo, aunque todavía se podría encontrar alguna mota de cacao. Si se continúa removiendo más lentamente, simulando una expansión más lenta que la provocada por el inflatón, con el paso del tiempo, el resultado seguirá siendo homogéneo e isótropo con esas pequeñas irregularidades en forma de pequeñas partículas.

La Era de la Inflación Cósmica dio paso a la Era de la Recombinación. A pesar de que el universo se fue enfriando a medida que se expandía, al inicio de esta nueva era la temperatura seguía siendo infernal. Se trata de una sopa de partículas elementales a centenares de millones de grados centígrados en continua interacción, con una intensa radiación electromagnética cuyos fotones destruían cualquier posible asociación de partículas a cambio de verse absorbidos de inmediato. La consecuencia de la corta vida de esos fotones es que el universo era un lugar opaco y, por lo tanto, todo el cosmos estaba sumido en una oscuridad que se podría considerar absoluta. Todo cambió cuando el universo alcanzó la edad de unos 380.000 años. Ahí ya habían podido formarse los primeros electrones y protones, tenían más espacio para moverse y la radiación electromagnética ya no destruía todo a su paso. En el universo comenzaba a haber espacio para todos y aquellas partículas subatómicas se pudieron combinar para formar los primeros átomos estables, que, por supuesto, eran elementos sencillos donde la práctica totalidad de ellos era hidrógeno. La temperatura del universo había bajado de un modo notable, situándose en valores de aproximadamente 3.000 °C de media. Otra consecuencia de que se hubiesen empezado a formar átomos estables es que el cosmos pasó de ser un lugar ionizado a un entorno neutro en su mayor parte. La transparencia del universo se produjo en un evento conocido como desacople radiación-materia, donde la radiación electromagnética podía propagarse sin que los fotones fueran absorbidos. Por lo tanto, jamás se podrá ver cómo era el universo antes de este evento ya que, al no haber propagación de ondas electromagnéticas, no hay forma de obtener información directa anterior a este proceso de desacople.

El desacople radiación-materia provocó algo que, en este caso, sí que es observable hoy, y es que la radiación, al no ser absorbida, llenó todo el universo y hoy, se mire hacia donde se mire, se podrá detectar. Se trata de la radiación de fondo de microondas, siendo los primeros en detectarla los ya mencionados Arno Penzias y Robert Wilson.

Es interesante la forma en la que se descubrió esta radiación. Todo vino a raíz de una suposición teórica que data de

1948, cuando el cosmólogo estadounidense Ralph Alpher propuso la idea de una radiación en la banda de las microondas con un origen en el universo temprano. La idea quedó ahí y cuando pasaron diecisiete años, en mayo de 1965, Penzias y Wilson, entonces ingenieros de la compañía Bell Telephone Laboratories en Holmdel (Estados Unidos), utilizaron una antena de seis metros con forma de claxon gigante ya que tenían curiosidad por capturar las señales del satélite Echo 1, el primer satélite de comunicaciones enviado al espacio.

Penzias y Wilson comenzaron a probar su antena y en estos ensayos previos captaron una señal muy llamativa: apuntando a cualquier lugar del cielo, siempre obtenían el mismo resultado. Lo primero que pensaron era que podría tratarse de ruido electrónico procedente de los circuitos e instrumentos de la propia antena. Tras revisarlo, comprobaron que la señal detectada no tenía origen instrumental, llegando incluso a pensar que podría tratarse de excrementos de aves depositados sobre la antena, en la que incluso habían llegado a anidar. Tras limpiarla cuidadosamente y reanudar la captura de datos, ese ruido residual, cien veces más intenso de lo previsto, seguía presente en los resultados, independientemente de que fueran tomados durante el día o la noche.

De manera simultánea y muy cerca de allí, en la Universidad de Princeton (Estados Unidos), un equipo dirigido por el físico estadounidense Robert Dicke estaba trabajando para detectar aquel fondo cósmico de microondas predicho por Alpher. Sin embargo, cuando les llegó la noticia de los datos que estaban obteniendo Penzias y Wilson, se dieron cuenta de que la radiación que estaban buscando, ya había sido detectada. Los de Holmdel por fin supieron que no estaban recibiendo un ruido generado por sus propios instrumentos ni a causa de los excrementos de las aves. Se trataba de aquella radiación que inundó

Imagen 1.1. Aspecto del fondo cósmico de microondas (CMB), captado
por la sonda Planck de la Agencia Espacial Europea.
(Créditos: ESA/Planck Collaboration)

el universo cuando este se hizo transparente tras el desacople radiación-materia. Poco tiempo después, el grupo de Princeton también logró detectarla y, tanto Dicke y sus colaboradores como Penzias y Wilson publicaron ese mismo año sendos artículos donde los primeros[4] pusieron en contexto lo que esa radiación recién detectada significaba para comprender los inicios del universo, mientras que los segundos[5] hablaron de lo que detectaron en el cielo con aquella antena.

Estas medidas eran una prueba que apuntaba a que el cosmos había sido en algún momento algo caliente, denso y que poco a poco fue perdiendo temperatura y densidad, corroborando así la hipótesis de Alpher y también transformando en teoría la idea del átomo primigenio de Lemaître, algo que sirvió para desestimar otros supuestos que intentaban explicar el origen del

[4] *ApJ*, 142, p. 414-419 (1965).
[5] *ApJ*, 142, p. 419-421 (1965).

universo, como la hipótesis del estado estacionario. Décadas más tarde, se lanzaron los satélites COBE en 1989, WMAP en 2001 y Planck en 2009, los cuales midieron la temperatura del fondo cósmico de microondas, cada una con más precisión que la anterior. Para poner cifras, los datos de la sonda Planck revelan que las diferencias de tonalidad en el fondo cósmico de microondas representan variaciones de temperatura que, en cualquier caso, no superan el 0,003 % con respecto a una temperatura de −270,4245 ºC. Esto demuestra la uniformidad e isotropía del universo, donde esas pequeñas fluctuaciones señalan las regiones donde, con el tiempo, se formarían las grandes estructuras cósmicas. La imagen 1.1 muestra este aspecto del fondo cósmico de microondas, tal como lo captó la sonda Planck.

* * *

Una vez que el universo se hizo transparente y la materia, por lo general, presentaba un estado neutro, comenzaron a tomar importancia aquellas pequeñísimas irregularidades que sobrevivieron a la hiperexpansión del universo. Con un cosmos infinitamente más grande que entonces, aquellas rugosidades primitivas se manifestaron en forma de inmensas nubes de gas compuestas, en su mayor parte, por hidrógeno; en menor medida, por helio; y también existían pequeñas trazas de litio. Las partes más densas de estas nebulosas comenzaron a aglutinar materia por acción de la fuerza de la gravedad y, poco a poco, fueron colapsando. Llegó un punto en el que la presión en su interior era tan alta que los átomos de hidrógeno se unieron a otros similares, dos a dos, en un proceso de fusión nuclear para crear helio, con la correspondiente liberación de energía. Así es como surgieron las primeras estrellas del universo cuando, por aquel entonces, habían pasado 250 millones de años desde el Big Bang.

La mayoría eran estrellas ultramasivas y, como se verá en el capítulo siguiente, cuanto más grande es un astro, más rápido consume su combustible. Por lo tanto, el hidrógeno se agotó con gran celeridad ya que se había transformado en helio. Las fusiones eran cada vez menores y la fuerza gravitatoria superó a la fuerza expansiva de las reacciones nucleares, por lo tanto, las estrellas volvieron a colapsar logrando que el helio se fusionase para crear elementos todavía más complejos, liberando una mayor cantidad de energía debida a estas nuevas reacciones nucleares. Finalmente, el helio se acabó y las estrellas volvieron a comprimirse provocando un ciclo similar. Llegó un punto en el que no se lograban generar elementos más masivos que el hierro y al no haber suficiente energía liberada por reacciones de fusión, los astros siguieron compactándose hasta que el colapso fue insostenible. La consecuencia fue que estallaron como supernovas. No son comparables a los estallidos que se pueden percibir hoy en día en otras galaxias, o como la que se pudieron observar en los años 1054 y 1604. Estas primeras supernovas del universo debieron de ser auténticos fogonazos de un brillo inconmensurable. Se trataría de las mayores supernovas que el universo ha conocido debido a que esas estrellas eran las más masivas que han existido. En resumen, estrellas con una vida efímera y una consecuencia vital: impregnaron el medio interestelar con todos esos átomos complejos forjados en su interior. Y no solo eso, sino que los estallidos de supernova liberaron tal energía que sí que lograron fusionar los átomos de hierro para generar elementos todavía más complejos.

¿Se han observado algunas de estas estrellas? Lo cierto es que sí. La más lejana que se ha podido localizar a fecha de edición de este libro ha sido bautizada con el nombre de Eärendel. El Hubble capturó[6] su débil luz, que partió cuando el universo

---

[6] *Nat.*, 603, p. 815-818 (2022).

tenía una edad de 700 millones de años, esto es, según las teorías actuales, cuando transcurrieron 450 millones de años desde de la formación de las primeras estrellas. Es cierto que se han visto algunos grupos de estrellas —llamados cúmulos estelares— tan antiguos como Eärendel, pero en lo referente a objetos individuales, es la primera vez que se observa una tan antigua. Su detección ha sido posible gracias a una consecuencia de la teoría general de la relatividad de Einstein, al predecir que la masa de por sí es capaz de curvar la trayectoria de la luz y a más masa, mayor curvatura. Entonces, bajo nuestra perspectiva, se encontraban alineados el cúmulo de galaxias WHL0137-08 y la esquiva estrella. Con esta disposición, la agrupación galáctica provocó un efecto denominado lente gravitatoria, deformando el objeto que hay tras él —en este caso, Eärendel—, amplificando su luminosidad y pudiendo ser detectada por el telescopio espacial. Se estima que esta estrella debe tener unas cincuenta veces la masa del Sol y podría ser hasta un millón de veces más brillante, aunque dada su extrema lejanía, si no fuera por el efecto de lente, no hubiera sido posible detectarla a pesar de su enorme brillo.

Con respecto al origen de las galaxias, sucedió posteriormente al nacimiento de las estrellas. Comenzaron a formarse cuando el universo contó con una cantidad suficiente de objetos de tipo estelar unido a nubes de gas y de polvo que, por proximidad, se fueron asociando gracias a la gravedad, dando lugar a conjuntos irregulares que hoy se pueden identificar como las primeras galaxias. La teoría decía que se podrían empezar a formar cuando hubiesen transcurrido unos 670 millones de años tras el Big Bang. Esto apunta a que, desde la aparición de las primeras estrellas, se autoorganizarían en tan solo 220 millones de años. ¿Cuáles son las galaxias más antiguas que se han observado? Fueron captadas por el telescopio espacial Webb[7] y parece ser que van a trastocar las fechas que ofrecían los modelos. Lo que observó el telescopio fue un conjunto de seis galaxias que, según las teorías vigentes, no deberían existir por dos motivos fundamentalmente. Uno, es que la luz de las galaxias procede de una época muy temprana, entre 500 y 700 millones de años tras el Big Bang, esto es, demasiado pronto como para que las estrellas se hayan organizado; y dos, es que al sumar la masa de las estrellas que hay en estas galaxias, superarían la masa disponible en el universo cuando tenía la edad estimada de esas galaxias. Por lo tanto, si la teoría afirma que las primeras galaxias se debieron formar hace unos 670 millones de años, un grupo de galaxias como el visto por el Webb, perfectamente formadas, no podría haber aparecido en ese intervalo de tiempo.

Para hacerse una idea, la más grande de las seis galaxias detectadas se estima que podría tener un tamaño de hasta diez veces el de nuestra Vía Láctea. ¿De dónde pudo proceder tal cantidad de masa? Los investigadores llegaron incluso a pensar que podría tratarse de un efecto de lente gravitatoria, como ocurrió con Eärendel, sin embargo, descartaron esta opción tras analizar de nuevo los datos. Otra alternativa que barajaron era que se tratase de unos extraños objetos denominados agujeros negros supermasivos oscurecidos, donde las regiones luminosas podrían tratarse de gas y polvo a alta temperatura, producto de la interacción con estos cuerpos. El pequeño inconveniente es que estos objetos todavía no se comprenden demasiado al estar enmarcarlos en un universo tan temprano. Si se tratase de esto no habría que reescribir el modelo estándar. Lo que ocurre es que hay que tener en cuenta que los científicos que analizaron

---

[7] *Nat.*, 616, p. 266-269 (2023).

los datos apuestan por la naturaleza galáctica de lo observado por el Webb; de confirmarse, el modelo estándar debería ser reescrito ya que, para empezar, elementos más allá del hidrógeno y helio serían mucho más abundantes de lo que se pensaba en un principio.

Lo que sí se sabe es que, con el paso del tiempo, las galaxias del universo fueron ganando complejidad, canibalizando a otras menores y, poco a poco, llegando a adquirir las formas que tienen en la actualidad. Ahora bien, ¿cómo evolucionará todo? ¿Cómo será el final del universo?

Para hablar del final del universo se deben conocer los parámetros que, según el consenso de la mayor parte de los cosmólogos, determinarán cómo tendrán lugar las últimas etapas del cosmos. Para evaluar la geometría, se tiene en cuenta el considerado como factor más determinante: la densidad media del universo, que viene expresada con la letra griega omega mayúscula (Ω). Entonces, si este valor es menor que uno ($\Omega < 1$), el universo será abierto cuya representación sería aproximada a la forma de una silla de montar a caballo. Por otro lado, si es mayor a uno ($\Omega > 1$), se tendrá un cosmos cerrado cuya representación tendría la forma de la superficie de una esfera. Finalmente, si tiene el valor de uno ($\Omega = 1$), el universo será plano y estará representado por una lámina. La imagen 1.2 muestra estas tres posibilidades. Pero, ¿cuál es el valor de la densidad media del universo? En realidad, no se conoce con certeza. La hipótesis más aceptada por la comunidad científica apunta a un valor cuya precisión aún podría ajustarse, lo que deja abierta la incógnita sobre el destino final del cosmos. De todos modos, ¿qué implicaciones tiene que el universo sea abierto, cerrado o plano?

De tratarse de un universo abierto tendría un escenario final denominado Big Freeze, aunque antes de que llegase el momento último, producto de la cantidad de materia oscura, las

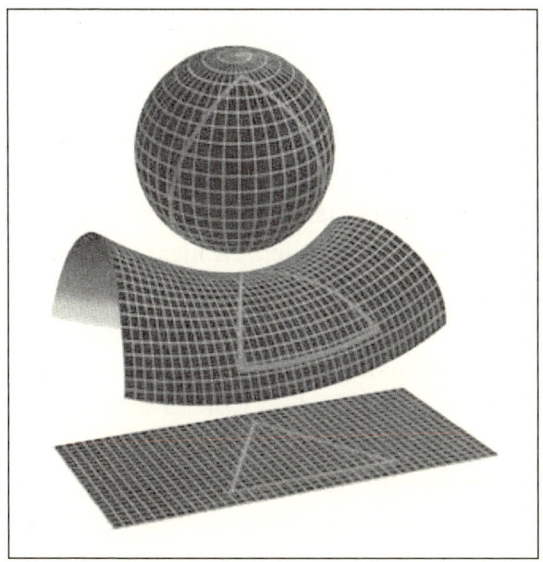

Imagen 1.2. Diferentes representaciones de la geometría del universo en base a la densidad media. Arriba: universo cerrado. Centro: universo abierto. Abajo: universo plano. (Créditos: NASA / WMAP Science Team)

galaxias estarían tan separadas que no habría percepción de otras formaciones galácticas. Además, poco a poco, las estrellas dejarían de formarse por ausencia de gas. A consecuencia de esto, las últimas estrellas —enanas rojas casi con total seguridad—, se apagarían y el universo quedaría sumido en una oscuridad prácticamente absoluta a ojos de las longitudes de ondas visibles. Esto ocurriría cuando el universo tenga varios millones de veces la edad que tiene hoy. Si eso sucediese, todos los antiguos objetos estelares pasarían a estar fríos y cada galaxia podría llegar a albergar un gigantesco agujero negro que acapararía la práctica totalidad de la masa. Estos serían los objetos más abundantes del universo y, poco a poco se irían evaporando, tal y como predijo el físico británico Stephen Hawking en 1974. Finalmente, el universo sería tan grande que las partículas subatómicas que lo conforman estarían tan separadas unas de otras que apenas habría interacción, creando un vacío con una temperatura media próxima al cero absoluto.

En un universo cerrado, el final acontecería a través de un evento denominado Big Crunch. Todo empezaría a suceder cuando la expansión llegase a un límite a partir del cual el universo comenzaría a comprimirse en lugar de seguir creciendo. Bajo este supuesto, la gravedad sería tan intensa como para frenar su crecimiento, por lo que la cantidad de energía oscura sería inferior a la que hipotetiza un universo abierto. Si se supone un universo cerrado, al final toda la materia se comprimiría en un punto tan pequeño como el que pudo dar origen al Big Bang. En este escenario, se desconoce cómo se comportarían las galaxias al fusionarse unas con otras. Se supone que las temperaturas serían extremadamente altas, pero no se tienen modelos fiables sobre lo que ocurriría con los átomos, aunque todo apunta a que llegaría una fase en la que el universo será una especie de plasma. Terminaría formándose una singularidad y, a partir de ahí, no se sabe qué podría ocurrir después. Una idea que también se baraja es que cuando se hubiera producido el Big Crunch, tendría lugar otro Big Bang que daría origen a otro universo, algo que se conoce como universo pulsante o Big Bounce.

Por último, ¿cómo se comportaría el cosmos frente a un escenario de universo plano? Parece ser que estaría en expansión, aunque llegaría un punto en el que este crecimiento se desacelerará y la fuerza de expansión de la energía oscura estaría equilibrada por la fuerza de gravedad. Todo terminaría de un modo similar al abierto, es decir, como un lugar frío y sin apenas interacción entre partículas.

* * *

Llegados a este punto en el que se sabe cómo se inició el universo, dando por buena la teoría del Big Bang y, además, teniendo unas ideas sobre cómo podría terminar, llega el momento de particularizar. Es algo que se hará en los siguientes capítulos, que tratarán temas como la formación estelar, los diferentes tipos de estrellas y las teorías de formación planetaria que explicarían cuál fue el origen de la Tierra y del resto de planetas de nuestro sistema solar.

Sistema solar

Unas favorables casualidades

En el capítulo anterior se ha visto el posible origen del universo y los posibles finales. También, cómo a partir de aquellas primigenias nubes de gas surgieron las primeras estrellas, para luego, formar esas novedosas estructuras a las que hoy denominamos galaxias. Algunas de ellas, evolucionaron; otras, por contra, desaparecieron. Incluso, como se dijo, hubo algunas que canibalizaron a otras de menor tamaño. Una de entre todas estas innumerables estructuras galácticas es la Vía Láctea, nuestro hogar. La Tierra no ocupa un lugar privilegiado en ella, ni mucho menos. Estamos situados en la periferia del disco espiral y, por lo tanto, nuestro sistema solar está en un lugar más próximo al vacío intergaláctico que al centro de la galaxia.

Hoy, los avances en tecnología y ciencia permiten conocer nuestro sistema solar con gran precisión, aunque no siempre fue así. Durante siglos, la curiosidad del ser humano le ha llevado a preguntarse acerca de nuestro lugar en el universo y nuestro papel en la escena cósmica. A lo largo de este capítulo, se verá cómo ha ido evolucionando el concepto de sistema solar, viendo cómo gracias a la perseverancia de científicos a lo largo de muchas generaciones, el ser humano ha sido capaz de conocerlo cada vez mejor. Se hablará también de las estrellas y de su evolución, algo necesario para comprender por qué nuestro Sol tiene unas características únicas para que la vida pudiera surgir en la Tierra y hoy puedas estar leyendo estas páginas.

Durante gran parte de la historia, el ser humano pensó que ocupaba el centro del universo. Para poner en contexto, esta idea perduró mucho más tiempo del que llevamos siendo conscientes de que no estamos en tan icónico lugar. Tiene su explicación, y es que, con una observación básica, se puede tener la sensación de que todo gira a nuestro alrededor. Por ello, la idea de que somos el eje de todo parecía tener cierta lógica, aunque no era correcta. Al profundizar en el conocimiento del cosmos, el ser humano comprendió que lo único que realmente gira a nuestro alrededor es nuestra pequeña Luna.

La primera persona que documentó un modelo de sistema solar con el que intentaba explicar todos sus movimientos, fue el filósofo, geómetra y astrónomo griego Anaximandro de Mileto en el siglo VI a. C. Dejó de lado los movimientos regidos por dioses para dar paso a un modelo basado en la observación. Sus hipótesis se apoyaban en una serie de anillos perforados girando alrededor de una Tierra cilíndrica flotando en el espacio, donde el ser humano estaba en la planicie superior del cilindro. Por todo el esfuerzo que Anaximandro realizó por intentar comprender el universo, la historia le ha dado el sobrenombre de "padre de la cosmología y fundador de la astronomía". Posteriormente, hubo más pensadores que mostraron sus ideas para definir la forma del universo. En ese mismo siglo, el filósofo y matemático griego Pitágoras, tras observar varios eclipses de Luna llegó a la conclusión de que la Tierra no tenía forma cilíndrica, sino esférica. Más tarde, hacia los siglos V-IV a. C., el también filósofo y matemático griego Platón, bautizó como círculos celestiales a las estructuras en las que los planetas estaban engarzados, lo que les permitía girar alrededor de la Tierra. Con estas ideas, comenzaron a comprender el movimiento planetario sin necesidad de echar mano de mitos y leyendas.

Uno de los grandes saltos que se produjo en la comprensión del sistema solar ocurrió en el siglo IV a. C., gracias al astrónomo y matemático griego Eudoxo de Cnido, discípulo de Platón. El cnidio añadió operaciones matemáticas al modelo que propuso su mentor donde, además, afirmaba que los desplazamientos planetarios que se producían alrededor de la Tierra se podrían explicar con el movimiento circular uniforme. Otro estudiante de Platón fue el filósofo y científico griego Aristóteles de Estagira que en ese mismo siglo siguió aportando datos y complejidad al sistema propuesto por Eudoxo como, por ejemplo, que los extraños movimientos planetarios requerirían más de un elemento circular para describirlos. El estagirita estimó que serían necesarias entre cuarenta y siete y cincuenta y cinco estructuras transparentes para que la suma de estos movimientos explicase el comportamiento de todos los cuerpos celestes.

Llegados a este punto, es el momento de mencionar a quien, quizás, ha sido la persona más influyente en la comprensión del sistema solar. El motivo es que sus ideas estuvieron vigentes durante más de mil años. Se trata de Claudio Ptolomeo, científico, geógrafo, matemático y astrónomo que nació hacia el año 100 d. C. en Ptolemais Hermiou, ciudad perteneciente al Reino de Numidia (Egipto). Recibió su formación en la biblioteca de Alejandría, donde tuvo contacto con los progresos científicos que se habían ido desarrollando en cunas de la sabiduría como Grecia, Mesopotamia o el propio Egipto. También fue un gran observador del cielo, llevando a cabo sus análisis entre los años 127 d. C. y 141 d. C. Para anotar sus observaciones, tomó como referencia el año 138 a. C. no por casualidad, sino porque aquel fue el primer año del reinado del emperador romano Antonino Pío, padre adoptivo de Marco Aurelio.

Todo parece indicar que Ptolomeo llevó a cabo sus observaciones astronómicas en el templo de Serapis, situado en la antigua ciudad egipcia de Canopus, cerca de Alejandría. En base a los análisis que realizó, escribió una extensa obra en varios volúmenes, dándola a conocer en el año 148 d. C. y titulada *Syntaxis Mathematica*. La obra era magistral y tuvo influencia hasta el Renacimiento. En Grecia, esta obra fue calificada de *megalé*, que viene a significar "grande" o "extensa", refiriéndose a ella como *megisté*, es decir, "grandísima" o "máxima". Cuando en el año 827, el califa al-Mamun ordenó traducirla al árabe, su título se modificó por el de al-Magisti, de donde deriva el nombre por el que hoy se conoce ese trabajo, *Almagesto*, ya que fue así como se tradujo en Toledo en 1175. Hoy se considera una obra que sigue siendo clave para comprender el modelo geocéntrico que prevaleció en Europa hasta el siglo XVII.

Para elaborar este trabajo, Ptolomeo se basó en datos recopilados por el astrónomo, geógrafo y matemático Hiparco de Nicea a lo largo del siglo II a. C. Era tal la precisión del niceno, que Ptolomeo no dudó en utilizarlos para crear su modelo de universo geocéntrico. También los usó para desarrollar precisos cálculos sobre las posiciones y los movimientos del Sol, la Luna y los cinco planetas conocidos. En este modelo, una Tierra esférica dominaba el universo desde el centro; a su alrededor giraban de menor a mayor distancia, la Luna, Mercurio, Venus, el Sol, Marte, Júpiter y Saturno. La disposición es fácil de deducir —aunque sea errónea— a partir de una observación poco profunda. Es decir, de un día para otro, se puede apreciar que la Luna es el cuerpo que más rápido se mueve por el cielo; luego, los que hoy se sabe que están situados entre el Sol y la Tierra, es decir, Mercurio y Venus. A ellos le seguía el Sol y, después, los que tienen órbitas más amplias y, por lo tanto, tardan más tiempo en completar su órbita con la consecuencia de que su recorrido por el cielo lo realizan más lento en apariencia. Estos planetas serían Marte, Júpiter y Saturno.

En el sistema ptolemaico, la Tierra ocupa una posición centrada con respecto a los trayectos de los cuerpos celestes, que se mueven sobre unos círculos llamados deferentes. Por otro lado, para explicar por completo la dinámica celeste, los planetas también se mueven sobre círculos menores llamados epiciclos. Estos son trayectorias adicionales en las que los planetas se desplazan, y cuyo centro sigue un movimiento sobre la deferente. Esta combinación de movimientos se ilustra en la imagen 2.1. Así se ex-

Imagen 2.1. Representación del aparente movimiento del Sol, Mercurio y Venus visto desde un punto de vista geocéntrico, mostrando la combinación de epiciclos y deferentes. Está tomada del artículo "Astronomy" de la primera edición de la *Enciclopedia Británica* (1771), reimpresión facsímil de 1971, volumen 1, figura 2 de la placa XL. (Créditos: James Ferguson [1710-1776], basándose en los diagramas de Giovanni Cassini (1625-1712) y Roger Long [1680-1770], grabado para la Enciclopedia por Andrew Bell)

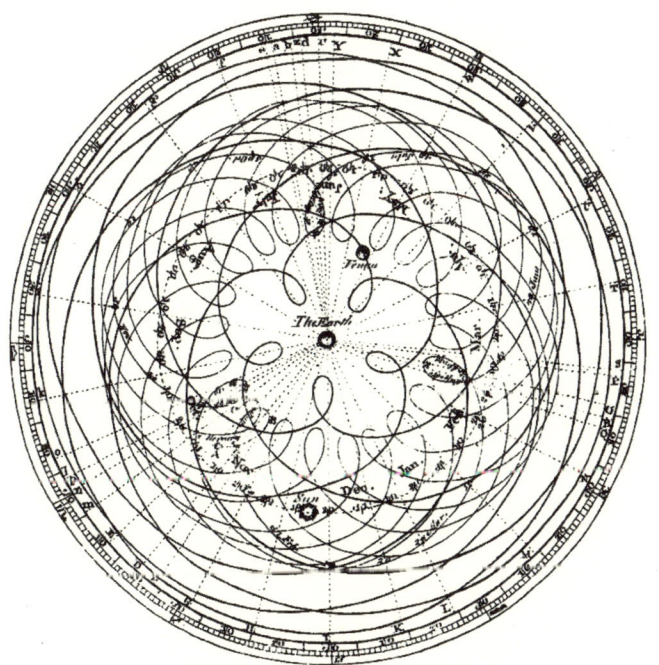

plican, por ejemplo, los bucles provocados por la retrogradación planetaria, es decir, cuando, desde nuestra perspectiva, los planetas parecen moverse en sentido contrario al de las estrellas fijas. El caso del Sol es excepcional, ya que recorre una deferente a velocidad uniforme, sin la necesidad de epiciclos.

Ptolomeo decidió dividir su obra en trece tomos o volúmenes, los cuales estaban separados en capítulos y, estos, en secciones. Consideraba que de esta forma se comprendería mejor el funcionamiento del cosmos. Para ello, cada uno de los volúmenes estaba dedicado a aspectos concretos del universo y la tabla 2.1 muestra los contenidos de cada uno de ellos.

VOL.	CONTENIDO
I	Tratado fundamental de astronomía para establecer los principios matemáticos.
II	Geometría de la esfera celeste y coordenadas para referenciar los astros.
III	Explicación del movimiento del Sol.
IV	Explicación del movimiento de la Luna.
V	Explicación de los movimientos de Mercurio y Venus.
VI	Explicación del movimiento de Marte.
VII	Explicación del movimiento de Júpiter.
VIII	Explicación del movimiento de Saturno.
IX	Catalogación de las estrellas fijas en función de su posición en la esfera celeste.
X	Explicación del concepto de epiciclo y deferente.
XI	Tablas astronómicas para predecir la posición de los planetas.
XII	Trayecto de los planetas y signos zodiacales por los que discurrían.
XIII	Nociones para observar el cielo e instrumentación astronómica de la época.

Tabla 2.1. Breve descripción del contenido de cada volumen del *Almagesto*.

Veintidós años después de dar a conocer su obra cumbre, en el año 170 d. C., Claudio Ptolomeo llegó al final de sus días, no se sabe muy bien si en Canopo o en Alejandría. Con el paso del tiempo, conforme se fueron observando los planetas y sus movimientos con una mayor precisión, los astrónomos fueron adaptando el sistema ptolemaico con la necesidad de añadir más epiciclos. Llegó un punto en el que el sistema se tornó tan complejo que se hizo insostenible. Sin embargo, en el siglo XVI, Nicolás Copérnico, astrónomo y matemático polaco, tuvo una idea para resolver el problema. Partió de la base de que el funcionamiento del cosmos no debería ser tan complejo. Su solución pasaba por situar el Sol en el centro del universo y, los planetas, entre ellos la Tierra, girando a su alrededor en órbitas circulares. Así, todo sería mucho más sencillo y elegante. La única excepción que planteó Copérnico estaba relacionada con la Luna que, en este caso, sí que orbitaba alrededor de la Tierra. Con este sistema, los extraños movimientos planetarios que se observaban en el cielo quedaban explicados sin la necesidad de añadir epiciclos.

Copérnico escribió sobre esta idea en un tratado que tituló *De Revolutionibus Orbium Coelestium,* finalizándolo en 1531. Los historiadores de la ciencia creen que admiraba la figura de Ptolomeo ya que, para elaborar su tratado, lo dividió en bloques que seguían la misma estructura que en el *Almagesto.* Por otro lado, Copérnico era consciente de que tendría un enfrentamiento con la Iglesia por manifestar algo que iba radicalmente en contra a lo establecido. Por ese motivo, no lo publicó hasta 1543, dando la orden cuando se encontraba en su lecho de muerte. Hasta ese momento, nadie había puesto en duda el sistema Ptolemaico, publicado 1.300 años atrás. Sin embargo, el tratado del polaco no logró que el heliocentrismo se instaurase, aunque sí que inició una nueva corriente de pensamiento que situaba al Sol en el centro del universo. Tras las ideas de Copérnico llegaron las de un italiano nacido en Pisa (Italia) en el año 1564. Su nombre era Galileo Galilei, figura clave no solo en la implantación del heliocentrismo, sino porque también fue el primero en sentir la curiosidad de utilizar un instrumento óptico para estudiar el cielo.

Merece la pena conocer la historia de la invención del telescopio porque sin duda es la herramienta que permitió dar pasos de gigante en lo que a la comprensión del universo se refiere. El hecho de quién inventó este instrumento no está del todo claro, aunque todo apunta a que no fue Galileo. Existen algunas teorías al respecto, todas ellas en un abanico de muy pocos años que van desde finales del siglo XIV hasta principios del siglo XV.

La primera referencia relativa a la construcción de un instrumento similar está en el inventor Juan Roget, nacido en la ciudad francesa de Angulema en 1550, aunque pasó la mayor parte de su vida en Girona. Roget era un reconocido fabricante de anteojos, es decir, una versión primitiva de lo que hoy pueden ser unos prismáticos. En 1570 fabricó uno de ellos, con la particularidad de que presentaba un solo tubo, logrando más aumentos que con los instrumentos que solía elaborar. Aquel aparato nunca llegó a patentarlo y, parece ser, el artilugio fue copiado por el fabricante de lentes Zacharias Janssen, nacido en La Haya (Países Bajos) en 1583. El 17 de octubre de 1608, Janssen patentó algo muy en la línea lo que había fabricado Roget. Se cree que fue el hijo del hayense quien filtró que el invento de su padre no era original, sino que se basó en otro anterior. Sin embargo, Janssen no fue el único en oficializar el utensilio. Tres días después, un pulidor de lentes llamado Jacob Metius, nacido en 1571 en la ciudad neerlandesa de Alkmaar, logró una patente para un instrumento muy similar al de Janssen.

Otra figura relevante en la historia de la invención del telescopio es Hans Lippershey, nacido en la localidad alemana de Wesel en el año 1570. Con el paso del tiempo, Lippershey se fue convirtiendo en un reconocido fabricante de lentes y, a la edad de 32 años, se estableció en Middelburg, actualmente ciudad neerlandesa, capital de la provincia de Zelanda, donde abrió su tienda de óptica. Allí, en 1608, ocurrió algo que le cambiaría la vida. Resulta que dos muchachos estaban jugando en aquella tienda con dos lentes que habían sido desechadas. Uno de los jóvenes estaba en posición fija, mirando a través de la lente que sujetaba. Además, miraba también a través de la otra lente, que era la que sujetaba su amigo. Haciéndolo, podía ver la torre de la iglesia con un tamaño mayor. El que estaba mirando, le indicaba a su amigo que moviese la lente hacia adelante o hacia atrás, ya que había un punto en el que además de más grande, lograba verla enfocada.

Lippershey se interesó por el curioso juego de los muchachos y decidió situar las dos lentes en un tubo. Una de ellas se presentaría fija, mientras que la otra estaba sujeta a un mecanismo de desplazamiento, sirviendo así para ajustar el enfoque. Con esto, logró crear un sistema óptico mediante el cual podía ver objetos tres veces más grandes y, además, enfocados. El 25 de septiembre de 1608, Lippershey solicitó patentar el instrumento como un artilugio con el que, según sus propias palabras, "podía ver cosas lejanas como si estuvieran cerca". Sin embargo, no se la aceptaron debido a que otras personas —Janssen y Metius— ya estaban intentado hacer algo similar hacía pocos días.

La revolución de la astronomía comenzó cuando el rumor del invento de Lippershey llegó a los oídos de Galileo, cuando ya era un comentario generalizado. Como buen rumor que se precie, unos creían que era imposible que un instrumento ampliase el tamaño con el que se veían los objetos; otros, por contra, lo creían factible. Pocos días después de la llegada de ese rumor, Galileo recibió además una carta remitida por el noble francés Jacques Badovere, confirmando la veracidad de aquel artilugio. El de Pisa se puso manos a la obra con el fin de replicar la invención de Lippershey. Para ello utilizó un tubo de plomo donde, en los extremos, situó sendas lentes. Consideró utilizar unas planas por una cara y por la otra, una cóncava y la otra convexa. Cuando Galileo acercó el ojo a la parte cóncava pudo confirmar la veracidad de lo expuesto por Badovere en su carta: "los objetos aparecían tres veces más próximos y nueve veces más grandes que cuando se miraban a simple vista". El italiano no se limitó a utilizar el primero que construyó, sino que se las ingenió para obrar otros con más potencia. Enseguida vio la utilidad de este nuevo mecanismo, tanto a nivel terrestre como marítimo. Sin embargo, la curiosidad del italiano hizo que le diese un uso alternativo: observar el cielo. Así pues, aunque Galileo no inventase el telescopio, sí que fue el primero del que se tiene constancia que decidió no solo mirar al cielo, sino también observar con el fin de analizar y aplicar el método científico, como él siempre hacía.

Según se tiene constancia, las primeras observaciones de Galileo tuvieron lugar en enero de 1609. Comenzó observando la Luna, viendo que, en contra de lo que se venía afirmando desde el siglo II d. C. en tiempos de Ptolomeo, no era una esfera perfecta. Sus irregularidades se mostraban en forma de cráteres y cordilleras. Por otro lado, cuando examinaba la región del terminador, es decir, el límite entre iluminación y oscuridad, podía ver las sombras proyectadas, tanto por las montañas como por los bordes de los cráteres, evidenciando las imperfecciones del astro. Luego se fijó en el planeta Júpiter, ya conocido desde la Antigüedad. La primera noche que lo analizó, observó que a su lado había cuatro puntitos relativamente brillantes cuya alineación se correspondía, aproximadamente, con una recta. La noche siguiente, volvió a observarlo y, ante la sorpresa de Galileo, los cuatro puntitos que vio la noche anterior habían cambiado de posición. Al verlos noche tras noche y anotar sus ubicaciones, pudo determinar que giraban alrededor del planeta gigante. La consecuencia fue clara: no todos los cuerpos giraban alrededor de la Tierra. Había otros —como el propio Júpiter— que tenían cuerpos celestes moviéndose a su alrededor. Hoy, a esos cuatro objetos se les conoce como Satélites Galileanos y son Ío, Europa, Ganímedes y Calisto, aunque en primera instancia, Galileo los nombró I, II, III y IV, catalogándolos como Planetas Medicianos en honor a la familia Medici.

La descripción de las observaciones de la Luna y de Júpiter, así como los dibujos que realizó Galileo para llevar a cabo sus análisis, aparecen reflejados en una obra publicada en 1610, considerada como uno de los escritos más importantes de la historia. Se titula *Sidereus Nuncius (Mensajero Sideral).* Es un tratado astronómico escrito en latín que sirvió para comenzar a desbancar el geocentrismo en favor del heliocentrismo. Un año después de su publicación, Galileo llevó a cabo más observaciones, en este caso sobre Venus, con sus correspondientes anotaciones que sirvieron para hacer tambalear todavía más el modelo geocéntrico. El astrónomo italiano observó que este planeta, al igual que la Luna, tiene fases. También observó que cuanta menos fase de iluminación tenía, más grande se apreciaba su diámetro. Por el contrario, cuanta más fase mostraba, más pequeño era su tamaño. Dedujo que esto era coherente con una órbita de Venus alrededor del Sol, siendo esta una prueba más para mostrar que no todo giraba en torno a la Tierra. Las observaciones sobre Venus fueron publicadas en 1613 en la pequeña obra *Istoria e Dimostrazioni intorno alle Macchie Solari (Historia y Demostra-*

ción en torno a las Manchas Solares), que es considerada como la continuación del *Sidereus Nuncius.* Con estas tres observaciones —la Luna, Júpiter y Venus—, Galileo demostró que el sistema copernicano era válido. Es decir, los planetas orbitan alrededor del Sol en trayectorias circulares, rechazando así el modelo ptolemaico que estaba vigente desde hacía más de mil cuatrocientos años.

Galileo fue una persona que defendió sus ideas hasta el punto de tener que enfrentarse al Santo Oficio romano. Afirmaba que el universo no era como la mayoría de la gente pensaba, defendiendo que la Tierra no está inmóvil, sino que gira alrededor del Sol. También defendía que en el universo había cambios a todos los niveles, y no solo por debajo de la esfera lunar. Por todo ello, el 22 de junio de 1633, la Iglesia le ofreció retractarse en Roma, dentro de una sala de la basílica de Santa Maria sopra Minerva situada en la zona del Campus Martius o Campo de Marte. Parte del discurso de Galileo de su abjuración es el siguiente:

> Después de haber sido jurídicamente intimado para que abandonase la falsa opinión de que el Sol es el centro del mundo y que no se mueve y que la Tierra no es el centro del mundo y se mueve [...] Con el corazón sincero y fe no fingida, abjuro, maldigo y detesto los mencionados errores y herejías y, en general, todos y cada uno de los otros errores, herejías y sectas contrarias a la Santa Iglesia.

Como bien dicen Ramón Núñez Centella y José Manuel Sánchez Ron en la Edición Conmemorativa del IV Centenario de la publicación del *Sidereus Nuncius,* editada por el MUNCyT (Museo Nacional de Ciencia y Tecnología), lo que ocurrió con Galileo "no significa nada más que la fuerza bruta se puede imponer a corto plazo, pero que al final siempre pierde la batalla del juicio de la historia".

De manera paralela, el mismo año de la publicación del *Sidereus Nuncius,* el astrónomo alemán Johannes Kepler, nacido en Weil der Stadt (Alemania) en 1571, publicaba en su obra *Astronomia Nova* la primera de sus tres leyes, conocida como Ley de las Órbitas, en la que afirmaba que los planetas describían trayectorias elípticas alrededor del Sol y no circulares, situándose este en uno de los focos de la elipse. Nueve años más tarde, en 1618, su segundo postulado o Ley de las Áreas veía la luz en su *Epitome astronomiae Copernicanae.* En ella, explicaba cómo las áreas barridas por la órbita de un planeta con respecto al Sol son iguales en tiempos iguales. Por lo tanto, cuanto más cerca orbite un cuerpo del Sol, tendrá una velocidad mayor que cuando esté más alejado. Por último, su tercer postulado o Ley de los Períodos se publicaba en 1619 en *Harmonices Mundi,* en la que relacionaba matemáticamente el período orbital con el radio de la órbita a través de una constante común a todos los planetas. Para muchos, esta última ley es la más importante porque no se limita a analizar un solo planeta, sino que establece una relación común con todos ellos. Con estas tres leyes, Kepler dio un espaldarazo al heliocentrismo, haciendo tambalear a la Tierra como centro del universo. Para elaborarlas, utilizó los datos de quien fue su mentor, el astrónomo danés Tycho Brahe que, aunque era muy cuidadoso con sus datos, no defendía el modelo heliocéntrico. Pese a ello, es considerado uno de los grandes observadores astronómicos de la historia.

Kepler dejó al geocentrismo muy tocado, aunque el empujón final que necesitaba el heliocentrismo vino dado por el genio inglés sir Isaac Newton, que nació en Lincolnshire (Reino Unido) en 1643. A la edad de cuarenta y cuatro años, en 1687, publicaba su obra cumbre, *Philosophiæ Naturalis Prin-*

cipia Mathematica, donde daba a conocer sus tres leyes del movimiento junto a la Ley de la Gravitación Universal. Newton, mediante una expresión matemática, explica por qué los planetas se desplazan de ese modo, así como las fuerzas que entran en juego para que todo el sistema sea estable. Con esto y los antecedentes de Copérnico, Galileo y Kepler, el heliocentrismo se estableció como el modo de entender el sistema solar, quedando atrás el sistema ptolemaico, establecido 1.539 años atrás en el *Almagesto.*

* * *

Merece la pena destacar que siglos antes de Copérnico, algunos astrónomos se postularon a favor de un sistema dominado por el Sol, con la Tierra y el resto de los planetas girando a su alrededor. Por desgracia, no tuvieron mayor relevancia. Hasta que Galileo, Kepler, Newton y el propio Copérnico no mostraron sus datos y leyes, el sistema heliocéntrico no comenzó a instaurarse. Con el tiempo, ya en el siglo XX, gracias a las mejoras en los campos de la astronomía y la tecnología, se pudo ver que el universo va mucho más allá del sistema solar. Comprobaron también que, en la Vía Láctea, el número de estrellas era mucho mayor que el que se pensaba y que no es más que una galaxia de las innumerables que pueblan el universo.

Una de las cuestiones que surgieron fue la de esclarecer el origen de nuestro sistema solar. ¿Cómo se formó? ¿Cómo evolucionó? ¿Cómo fueron los primeros pasos? El estudio de la formación del sistema solar y de nuestro planeta es fundamental para conocer nuestra propia historia. Analizando la diversidad de nuestro entorno, se puede entender mejor la dinámica de otros sistemas planetarios, tal y como se verá en el capítulo 8. Esto también ayuda a valorar cómo los científicos han desarrollado sus carreras con un fin claro, que es el de obtener datos que nos remontan a miles de millones de años atrás. Así, se están logrando comprender algunos de los procesos que tuvieron lugar tanto en la Tierra como en nuestro sistema solar. Aunque antes de llegar a eso, considero necesario hablar de las estrellas y de cómo se forman, ya que no todas son iguales; así, también conoceremos la gran diversidad estelar que existe.

Para entender los procesos de formación estelar se parte de la base de que no hay dos estrellas iguales y que sus vidas pueden llegar a ser muy distintas. Sin embargo, todas, absolutamente todas, se forman de la misma manera, según se dejó entrever en el capítulo 1. El proceso se inicia en una nube molecular que puede llegar a tener decenas de años luz de tamaño y que es rica sobre todo en hidrógeno. También contiene otros materiales en menores cantidades, cuya proporción dependerá de las generaciones anteriores de estrellas, es decir, las nubes más recientes poseen más elementos pesados. Algunos de los motivos que desencadenan la formación estelar vienen dados por una desestabilización provocada por varios agentes como, por ejemplo, la presión ejercida por una supernova cercana, una colisión con otra nube molecular próxima o la interacción con un flujo de vientos estelares cercanos. En cualquier caso, la inestabilidad provoca la creación de una zona de mayor densidad en la nube, comenzando a agrupar materia por su propia fuerza de gravedad y aumentando su tamaño paulatinamente. Alrededor de la región más densa —lo que será el futuro objeto estelar— se van distribuyendo materiales de la propia nebulosa, aunque no lo hacen en forma de esfera, sino que, debido al giro de la protoestrella, su distribución es aproximada a la de un plano, conocido como disco protoplanetario.

A causa del aumento en la densidad en el centro del disco, la temperatura comienza a incrementarse y cuando la presión alcanza cierto valor, los átomos de hidrógeno comienzan a unirse donde, cada dos de ellos, conforman uno de helio a través de una reacción de fusión nuclear con la consecuencia de la emisión de una gran energía en un proceso conocido como nucleosíntesis. La fuerza de colapso que hace que los materiales se apelmacen, se contrarresta con el poder expansivo de estas reacciones, llegando a un punto en el que estos dos factores se equilibran, creando una superficie estable en forma de esfera que, al fin y al cabo, determinará no solo el tamaño inicial del astro sino su futuro, porque cuanto más grande sea la esfera luminosa, más rápido consumirá su combustible.

Las grandes estrellas consumen el hidrógeno mucho más rápido. Esto es así porque en su núcleo hay unas mayores presiones y temperaturas, además de una mayor cantidad de combustible, provocando que las reacciones de fusión nuclear se produzcan a una velocidad muchísimo mayor, y acabando mucho antes con todo el material fusionable. Por ese motivo, la vida de este tipo de estrellas es más corta que la de las que tienen un menor tamaño. Así que, aunque pueda parecer que una grande tiene más combustible y su vida será más larga, es justo lo contrario ya que cuanta más materia tenga, más vorazmente la consumirá. Por ejemplo, una estrella como el Sol tarda en consumir su combustible unos 10.000 millones de años, mientras que una como Antares, mucho más grande que el Sol, lo hace entre 10 y 20 millones de años. En cualquier caso, cuando el hidrógeno empieza a escasear, la energía desprendida por las reacciones de fusión nuclear disminuye, por lo que, en la lucha antes equilibrada entre colapso y expansión, comienza a vencer el primer factor, lo que lleva a una compresión con los consiguientes aumentos en densidad y temperatura. Llegados a este punto, la masa es crucial ya que determinará el futuro de la estrella.

En el caso de las estrellas de baja masa, tras sufrir este proceso de compresión su débil fuerza de colapso no podrá iniciar una nueva nucleosíntesis, por lo que terminarán su vida como enanas blancas. Una de las que terminó sus días de esa forma es Procyon B, compañera de Procyon A, la más brillante de la constelación de Canis Minor. Es un sistema que está situado a 11,4 años luz y, si se compara la masa del objeto moribundo, resulta ser 0,6 veces la de nuestro Sol. Aunque como se verá a continuación hay más finales que dan como resultado enanas blancas, aunque con matices.

En el caso de las estrellas de masa intermedia, una vez que el hidrógeno comienza a escasear y el astro se comprime, sí que logran iniciar un nuevo proceso de nucleosíntesis. Gracias a ello, se generan nuevos elementos como carbono, nitrógeno u oxígeno. A cambio, la intensidad de las reacciones de fusión es más intensa y el equilibrio se consigue mucho más allá, cuando la estrella se transforma en una estrella gigante roja. Una de las más famosas de este tipo es Arcturus, la más brillante de la constelación de Bootes —el boyero o cuidador de los bueyes—. Es la tercera más luminosa del cielo y está situada a 36,7 años luz de distancia y, aunque no es una gigante roja sino naranja, tiene un radio 25,4 veces mayor que el del Sol con una masa de 1,08 veces la de nuestra estrella[8].

En el caso de las estrellas supermasivas, el proceso de fusión nuclear iniciado en esa segunda nucleosíntesis generará elementos todavía más pesados como calcio, titanio o hierro. Es decir, cuanto más masiva sea, elementos más pesados estarán involucrados en el proceso de nucleosíntesis y más energéticas serán las reacciones nucleares. En el caso de estas estrellas, el equilibrio se logra todavía más allá que en el caso anterior, derivando todo

---

[8] *ApJ*, 743, 135 (2011).

esto en las descomunales estrellas supergigantes rojas. Una de las más conocidas de este tipo es Antares, situada a unos 550 años luz de distancia y marca el corazón en la constelación de Scorpius. Su radio es inmenso, tanto que llega a ser 680 veces el de nuestra estrella. Esto quiere decir que, si estuviese situado en el mismo lugar del Sol, su superficie estaría más allá de la órbita del planeta Marte. Como es de imaginar, su masa tampoco es nada despreciable y se estima entre 11,0 y 14,3 veces la del Sol[9].

Hasta ahora se ha hablado del inicio de las estrellas a partir de una nube de gas y de su etapa más madura, en forma de enana blanca, gigante roja y supergigante roja. A partir de aquí, se verá cómo son los finales de estas estrellas.

En el caso de las enanas blancas, se irán enfriando poco a poco y, tras miles de millones de años se irán apagando, dejando de emitir luz y desapareciendo del espectro[10].

Con respecto a las estrellas de masa intermedia, cuando se encuentren en una fase avanzada de gigante, llegará un momento en el que el combustible comience a escasear e iniciarán un nuevo colapso debido a la rotura del equilibrio. Tras este colapso, las capas más superficiales quedarán desligadas gravitatoriamente del resto y se expandirán, formando una estructura que se conoce como nebulosa planetaria. Es decir, formará una nube de gas que estará enriquecida con los elementos que se fueron formando a medida que evolucionaba. Como último estadio del astro, en el centro de la nebulosa quedará una enana blanca como remanente, del mismo modo que ocurría con las estrellas de baja masa y sufrirá el mismo proceso de apagado.

---

[9] *A&A,* 555, A24 (2013).

[10] Es un escenario incierto en la medida en que, debido a la edad del universo, los modelos teóricos apuntan a que ninguna estrella enana blanca ha podido apagarse aún.

Una de las nebulosas planetarias más conocidas es la denominada M57, o nebulosa del Anillo, que se muestra en la imagen 2.2. Este hermoso objeto celeste se encuentra a unos 2.570 años luz de distancia, en la dirección de la constelación de Lyra. Se trata de una nebulosa planetaria cuya forma recuerda a una rosquilla, y se ha estimado su diámetro en 2,6 años luz. Como dato, se han realizado análisis de la forma de la nebulosa a lo largo de cincuenta años. Por supuesto, los más recientes son más precisos debido al avance de la tecnología, pero, aun así, se estima que la nebulosa sigue expandiéndose por el espacio a una velocidad de entre veinte y treinta kilóme-

Imagen 2.2. La nebulosa del Anillo o M57, captada por el telescopio espacial Webb. (Créditos: ESA/Webb, NASA, CSA, M. Barlow, N. Cox, R. Wesson)

tros por segundo[11], deduciendo que se pudo formar en un instante comprendido entre los seis mil y los ocho mil años.

La enana blanca remanente tras formar la nebulosa planetaria M57 se cree que puede estar formada por átomos de carbono y oxígeno en su parte más interna, y por átomos más ligeros en su región más externa. Por otro lado, su masa se estima en unas 0,61-0,62 veces la del Sol, aunque su brillo es mucho mayor, del orden de doscientas veces.

En el caso de las estrellas supermasivas, cuando se encuentran en una fase de supergigante y el combustible comience a escasear, iniciarán un nuevo colapso debido a la reducción en la producción de energía. En estos casos no está claro si sus capas más externas se desligan o no, o al menos en qué casos lo hacen, pero, en cualquier caso, el interior de la estrella experimenta un aumento en la presión y en la temperatura, creando más elementos. Las condiciones internas no serán suficientes como para formar átomos más pesados que el hierro, pero, a pesar de ello, el colapso irá a más. Llegará un punto en el que la presión será insostenible y la estrella colapsará sobre sí misma, explotando como supernova. El estallido será de tal magnitud que expulsará todas las capas superficiales e intermedias, con la correspondiente inyección al espacio de parte de los elementos generados en su interior. Además, la energía liberada será capaz de fusionar átomos, incluso los de hierro, para, esta vez, crear elementos todavía más complejos como la plata o el oro de las joyas, el mercurio de los termómetros o el plomo de las antiguas tuberías. Como dato, la luminosidad de la explosión es tal, que casi siempre resulta más brillante que toda la galaxia que la alberga.

Tras el estallido, en el centro permanece el núcleo masivo e hiperdenso de la estrella, formado casi en su totalidad por áto-

---

[11] *AJ*, 134 : 4, 1679 (2007).

mos de hierro. Si la masa del núcleo del remanente de la explosión supera cierto umbral, marcado en un tramo que oscila entre las 2,5-3,0 masas solares, se convertirá en un agujero negro de masa estelar. El objeto más famoso de este tipo quizás sea el denominado Cygnus X-1, que está situado a unos 7.300 años luz de distancia en dirección a la constelación de Cygnus. Se trata de un gran emisor de rayos X que como todo agujero negro no deja escapar nada de sus inmediaciones, ni tan siquiera la luz. Su masa supera por mucho la horquilla mencionada, ya que se estima en 21,2 veces la del Sol[12] y procede de una estrella extremadamente masiva que estalló como supernova hace unos 5.000 millones de años.

Por otro lado, ¿qué ocurre si tras la explosión de supernova, el núcleo de la estrella remanente tiene una masa inferior a esas 2,5-3,0 masas solares? Con este escenario, lo más probable es que se forme una nebulosa como resultado del proceso explosivo y en su centro se encuentre una estrella de neutrones girando a gran velocidad en forma de púlsar. Esto es precisamente lo que ocurre en el centro del objeto conocido como M1, el primer objeto de Messier, también llamado la nebulosa del Cangrejo, que se muestra en la imagen 2.3. Visto con telescopios espaciales, esta estructura de remanente de supernova se presenta como una maraña entretejida, caótica, con una forma que recuerda a unas alas de mariposa y que está situada a unos 6.300 años luz en dirección a la constelación de Taurus.

El estallido que dio lugar a M1 se pudo ver la noche del 4 al 5 de julio de 1054 y fue considerado por muchas culturas como una señal divina ya que brillaba en el cielo con una magnitud de aproximadamente -6, siendo, con muchísima diferencia, el cuerpo más brillante del cielo nocturno tras la Luna. Fue

---

[12] *Sci.*, 371, 1046 (2021).

Imagen 2.3. Mosaico de imágenes tomado por el telescopio espacial Hubble
que muestra la nebulosa del Cangrejo o M1.
(Créditos: NASA, ESA, J. Hester and A. Loll [Arizona State University])

tan luminoso que se pudo ver incluso a la luz del día durante
algo más de tres semanas; por la noche, se pudo ver durante más
de año y medio. También quedó representada en cuevas a través
de pinturas iconográficas para dejar constancia o recordar aquel
extraño e inesperado fenómeno. La nebulosa como tal, fue des-
cubierta en 1731 por el astrónomo inglés John Bevis, aunque
hasta 1939 no se llegó a asociar a una explosión de supernova.
Casi treinta años más tarde, en 1968, los astrónomos David
Staelin y Edward C. Reifenstein III, usando la antena de 90 metros de Green Bank[13], cerca de Snowshoe (Estados Unidos), in-
formaron del hallazgo del pulsar del interior.

---

[13] *Sci.*, 162, 3861 (1968).

La existencia del púlsar fue corroborada el 10 de noviembre de 1968 por el astrónomo estadounidense Richard V. E. Lovelace junto a su equipo, basándose en observaciones realizadas desde el radio observatorio de Arecibo (Puerto Rico). A partir de ahí fue denominado PSR J0534+2200, demostrando así que un púlsar podría generarse a partir de los restos del estallido de una supernova. Con respecto al descubrimiento de este púlsar hay un hecho que sucedió años antes, al que no se le ha dado la trascendencia que se merece. Resulta que Jocelyn Bell, la codescubridora del primer púlsar en 1967, llamado PSR B1919+21, comentó que a finales de la década de 1950 una astrónoma observó cierto parpadeo en el centro de la nebulosa del Cangrejo mientras usaba el telescopio de la Universidad de Chicago (Estados Unidos). Lo que ocurrió fue que el astrónomo al que le comentó aquello, Elliot Moore, le dijo que estaba equivocada cuando el que erraba, sin duda, era él.

Tras esta breve mención histórica, los púlsares reciben ese nombre porque emiten señales a modo de pulsación, que en el caso del que hay en el interior de M1 lo hace unas treinta veces cada segundo o, lo que es lo mismo, con una frecuencia de unos 30 Hz. Esto es debido a que emite dos chorros de radiación como si fuera un faro. Entonces, con el giro del cuerpo celeste y su orientación, resulta que el haz de ese faro cósmico apunta directamente a nuestro planeta, siendo posible su detección. Con respecto al tamaño del púlsar, es pequeñísimo comparado con el del astro que lo produjo: tan solo unos veinte kilómetros de diámetro. Sin embargo, su masa es enorme ya que en ese reducido espacio hay confinadas 1,4 veces masas solares. Esto quiere decir que tan solo un centímetro cúbico de materia de ese púlsar pesaría del orden de unos quinientos millones de toneladas. Esa cifra se escapa a nuestra imaginación, aunque para compararlo con algo que se pueda, al menos imaginar, es como si la masa de los 5 portaaviones más grandes del mundo se comprimiese hasta llegar al tamaño de un dado típico de juego de mesa.

* * *

Con estas breves pinceladas de evolución estelar, se sabe que las estrellas nacen, evolucionan y mueren. Ahora llega el momento de preguntarse algo importante: ¿dónde queda el sistema solar en todo esto? Nuestro Sol, al igual que el resto de las estrellas se formó en una nube de gas y polvo. Casi con total seguridad, nació junto a otras estrellas que ahora estarán, quizás, a cientos de millones de años luz de distancia. Sin embargo, tendrán la misma composición química por haberse formado en el mismo lugar y bajo unas condiciones muy similares.

La cantidad de materia que logró captar nuestra estrella, entonces protoestrella, la hizo colapsar para empezar a fusionar hidrógeno y hacerla brillar, en este caso, como una esfera luminosa de un color amarillento y un tamaño de estrella mediana tirando a enana. De eso hace unos 4.600 millones de años. En aquella época, el disco protoplanetario ya se había formado y los planetas habían comenzado su proceso de formación incluso antes de que las reacciones de fusión nuclear se iniciaran. Un ejemplo real de un disco protoplanetario puede observarse en la imagen 2.4, correspondiente a la estrella HL Tauri. Volviendo a nuestro incipiente Sol, en la parte más alejada del disco, donde la temperatura es menor, pequeños cúmulos gaseosos comenzaron a agregar materia para, poco a poco, iniciar un proceso de colapso. Afortunadamente para nosotros, no lograron iniciar reacciones de fusión nuclear y, con el tiempo, esas acumulaciones dieron lugar a los planetas gigantes gaseosos de nuestro sistema solar: Júpiter, Saturno, Urano y Neptuno. Se volverá a hablar de los dos primeros más adelante porque según una hipótesis resultaron vitales para que la Tierra sea como es hoy en día y podamos estar aquí hoy. Hacia esa época en la que los planetas gigantes se estaban formando, más cerca del Sol se estaba preparando el caldo de cultivo para la formación de los planetas rocosos. Las partículas de polvo del disco protoplanetario chocaban entre ellas y, algunas, quedaban unidas por estática. Sin embargo, cuando adquirieron cierta masa, esos productos más grandes comenzaron a acaparar más materia debido a su propia atracción gravitatoria, llegando a alcanzar tamaños del orden de milímetros. Se les llama planetesi-

Imagen 2.1. Aspecto del disco protoplanetario que rodea a la estrella HL Tauri captado por el conjunto de radiotelescopios ALMA (Atacama Large Millimeter-submillimeter Array), en Chile. Los círculos oscuros y concéntricos podrían mostrar las posibles posiciones de planetas en formación.
(Crédito: ALMA [ESO/NAOJ/NRAO])

males, poblaban las regiones próximas a la estrella y, mediante un proceso denominado acreción, se fueron agrupando entre ellos. Es decir, chocaban unos con otros para formar cuerpos más grandes, aunque en ocasiones, ese choque producía la aniquilación de los dos objetos. Por suerte, en otros casos, los implicados lograban crear un cuerpo mayor que tras choques sucesivos, el producto final podía llegar a tener un tamaño del orden de centenares de metros. Siguiendo con el proceso de acreción, los planetesimales más pequeños siguieron impactando contra los más grandes donde, finalmente, formaron lo que se conoce como embriones planetarios, que ya alcanzaban tamaños de centenares de kilómetros.

Las colisiones entre estos posibles futuros planetas eran una realidad y las consecuencias podían ser dos: que entre los dos formasen un embrión planetario más grande o que, por el contrario, se destruyesen. Los supervivientes fueron trazando unos caminos a modo de círculos huecos en la nube protoplanetaria debidos a la atracción de los materiales circundantes que se encontraban en aquellas incipientes órbitas y que al ser atraídos pasaron a formar parte de los futuros planetas.

Existen hipótesis que señalan en la dirección de que algunos de estos cuerpos no se formaron en sus órbitas definitivas. Una de estas suposiciones es la del Grand Tack o "Gran Viraje"[14], proponiendo que un incipiente Júpiter con una estructura discoidal a su alrededor fue atraído por el Sol, iniciando un viaje a través de una órbita cerrada hacia nuestra estrella. Todo presagiaba un destino fatal para aquel joven Júpiter o, a lo sumo, estabilizarse en una órbita rápida muy cerca de nuestra estrella. Sin embargo, otro joven planeta había iniciado ese trayecto con, aparentemente, el mismo final: Saturno. Lo que cambió sus des-

---

[14] *Proc. Natl. Acad. Sci.*, 112:14 (2015).

tinos fue que estos planetas se cruzaron, pasando tan cerca el uno del otro que compusieron un sistema doble temporal. Por lo tanto, al asociarse, la espiral que los llevaba hacia el Sol se volvió abierta ya que ahora, el conjunto formado por los dos planetas tenía más inercia que el de cada planeta por separado. A lo largo de este viraje de salida, el sistema formado por los dos cuerpos se rompió, y cada uno de ellos se estableció en una órbita distinta alrededor del Sol.

El viraje que realizaron Júpiter y Saturno tuvo consecuencias, condicionando el futuro del sistema solar ya que su trayectoria de salida afectó a los planetesimales del disco, que estaban alimentando a aquellos embriones planetarios situados cerca del Sol. En concreto, se vieron afectadas las regiones que alimentaban a Mercurio y Marte, quedando sin materiales que acretar y convirtiéndose en planetas de pequeño tamaño en comparación con los que sí pudieron seguir creciendo, como Venus y la propia Tierra. Así que, de no ser por esa carambola cósmica, nuestro planeta podría ser muy distinto al que es hoy y, quizás, la vida no se hubiese podido desarrollar tal y como la conocemos. Según esta idea, parte de los materiales arrastrados por Júpiter y Saturno en este viaje se podrían encontrar hoy distribuidos a lo largo del cinturón de asteroides. Aunque es importante recordar que este gran viraje tan solo es una hipótesis.

Antes de que el Sol entrase en su fase más estable como estrella, emitía grandes vientos estelares propiciando el barrido de todos los materiales sobrantes de la formación planetaria y de esta forma, anular cualquier opción de crecimiento de los planetas ya formados. Las consecuencias de todo ello son la presencia de cuatro planetas rocosos, a saber, Mercurio, Venus, la Tierra y Marte, siendo los dos centrales los más grandes. Más allá, se despliega un cinturón de asteroides y, mucho más lejos, separados una gran distancia unos de otros, los planetas gigantes gaseosos, a saber, Júpiter, Saturno, Urano y Neptuno. Por último, el cinturón de Kuiper y la Nube de Oort se formaron como resultado del barrido de los vientos solares que trasladaron a las afueras del sistema solar gran parte de los materiales no utilizados en la formación planetaria.

Hoy se ha calculado que el Sol supone el 99,86 % de toda la masa del sistema solar y se encuentra en la fase más estable de su vida ya que posee una gran parte del hidrógeno inicial, estimado en un 73 %. En cuanto al helio, se cree que lo conforma un 24 % y el 3 % restante lo componen materiales que no se han formado en el Sol, sino que estaban en la nebulosa primordial, a saber, oxígeno, carbono, hierro, neón, nitrógeno, silicio, magnesio y azufre, principalmente. Mientras el hidrógeno predomine, el Sol seguirá estando en la fase más estable de su vida, y eso es mucho tiempo: aproximadamente 5.000 millones de años más de vida. En cuanto a tamaños, su radio es de 696.342 kilómetros y su masa está estimada en $1,9885 \times 10^{30}$ kilogramos, o, lo que es lo mismo, 332.950 veces la de la Tierra.

Dentro de unos 5.000 millones de años, cuando el helio sea más abundante y las reacciones de fusión de hidrógeno disminuyan, el Sol colapsará y tras la nucleosíntesis del helio formará una estrella gigante roja similar a Arcturus, ya que este astro, como ya se vio, tiene una masa muy similar a la del Sol. En ese momento, cualquier atisbo de vida que pueda quedar en nuestro planeta desaparecerá, porque la superficie del Sol quedará muy cerca de nuestro planeta. Cuando el helio se agote y se inicie un nuevo colapso, las capas más externas se desprenderán a su alrededor formando una nebulosa planetaria que podría tener un aspecto similar a la del Anillo, M57. En el centro, permanecerá el remanente del Sol en forma de estrella enana blanca.

* * *

Como todavía queda mucho tiempo para el final de nuestra estrella, voy a ir enlazando con el capítulo siguiente y, para ello, planteo la siguiente pregunta: ¿qué es la vida? Y, por extensión, ¿qué es un ser vivo? Definir esto no es sencillo, ya que se puede intentar responder desde diferentes ámbitos: filosofía, física, química... Aunque bajo mi punto de vista, la definición más concisa es la que ofrece la rama de la astrobiología: "Un ser vivo es un sistema químico y automantenido que puede realizar una evolución darwiniana". Esta definición fue acuñada por el bioquímico estadounidense Gerald F. Joyce en la década de 1990. Ahora bien, ¿cuándo se inició la vida en la Tierra? Para responder a tan compleja pregunta, los científicos buscan restos de vida fosilizados. Lo que ocurre es que la tectónica de placas hace que las rocas de nuestro planeta se renueven de manera continuada, algo que complica encontrar rocas de gran antigüedad. Dicho de otro modo, es difícil hallar rocas de hace más de 3.000 millones de años.

De todos modos, se han encontrado algunas rocas, escasas, eso sí, cuya datación es superior a esos 3.000 millones de años. Algunas de ellas se han hallado en Australia occidental y están datadas en 4.100 millones de años de antigüedad. En ellas, la relación existente entre los isótopos 12 y 13 del carbono apunta a que en aquella época ya existían procesos de fijación de carbono, lo cual resulta compatible con procesos biológicos. Esto se debe a que la vida tiene preferencia por ciertos isótopos estables, como el carbono-12 y el carbono-13. En este tipo de rocas, en concreto, se apreciaba una relación isotópica sesgada hacia el carbono-12. Por otro lado, en rocas procedentes de Groenlandia, datadas en 3.800 millones de años, también se ha identificado una distribución de isótopos de carbono que podría indicar un posible origen biológico.

Sin embargo, las primeras evidencias de vida aceptadas por la comunidad científica corresponden a unos fósiles de estromatolitos fijados en unas rocas que datan de 3.500 millones de años. Se trata de microfósiles situados en África y Australia que, presentan rasgos de células individuales. Esto quiere decir que como muy tarde, la vida surgió en la Tierra mil millones de años después de formarse. Poniendo en contexto, nuestro planeta tardó unos 200 millones de años en tener una corteza sólida y, 500 millones de años después, tuvo lugar un bombardeo masivo, aquel que provocó una gran parte de los cráteres que muestra nuestra Luna. Poco después, ya contaba con un océano en superficie. Se puede decir que transcurrió muy poco tiempo desde la aparición de esas grandes masas de agua hasta que se dieron las condiciones necesarias para que la vida aflorase en la Tierra. Por lo tanto, ¿es la vida algo común en el universo? A pesar de que no se ha encontrado vida fuera de la Tierra, las condiciones de habitabilidad en nuestro planeta se dieron con relativa facilidad, aunque eso no es suficiente. Son necesarios los componentes básicos para la vida y tuvimos la suerte de que aquí sí que se dieron. A partir de entonces, comenzaron a formarse moléculas fundamentales para la vida tal y como la conocemos que a su vez se agruparon en estructuras cada vez más organizadas para, finalmente, dar lugar a las primeras células individuales como paso previo a formar las primeras colonias, a la especialización y a la evolución de seres cada vez más complejos.

Existen científicos que defienden la aparición de una vida "autóctona", por así denominarlo, es decir, vida que se creó en nuestro propio planeta a partir de materia inerte. Otra hipótesis defiende que la vida llegó del espacio a través de meteoritos o, si no la vida en sí, defienden que lo hicieron los componentes básicos que la conforman. Esta idea recibe el nombre de panspermia.

Esa "evolución darwiniana" que decía Joyce, ha hecho que la vida pasase de una sencilla célula[15] a una rica biodiversidad con algunos seres vivos de gran complejidad, como las secuoyas, los insectos o los propios seres humanos. Aunque es cierto que también se produjeron algunos eventos que resultaron golpes de suerte para unos y grandes tragedias para otros. En concreto hubo cinco de ellos y se conocen como extinciones masivas. Tal vez estos eventos se asocien a destrucción de especies —que es cierto—, pero también a oportunidades. Por ejemplo, si no hubiese ocurrido el evento de Chicxulub, ocasionado por el impacto de un meteorito hace unos 66 millones de años, tal vez los dinosaurios hubiesen estado algunos millones de años más sobre la faz de la Tierra. Eso hubiese tenido consecuencias ya que, quizás, el pequeño roedor que sobrevivió a la extinción, de no haberse producido el impacto, hubiese tenido menos posibilidades de sobrevivir y los mamíferos no hubiesen evolucionado como lo hicieron. Con lo cual, nuestra existencia no solo se la debemos a ese evento, sino también a las cuatro extinciones masivas anteriores ya que, sin ellas, el rumbo evolutivo de la vida en la Tierra hubiese sido otro y, por supuesto, la aparición del hombre es fruto de una serie de casualidades condicionadas por estos y otros eventos.

Finalmente, la evolución provocó que la vida se estableciese en la Tierra y que siguiese evolucionando hasta la llegada del *Homo sapiens,* una especie curiosa que levantó la vista al cielo para interpretarlo y utilizarlo en su favor, algo de lo que se tratará en detalle en el siguiente capítulo.

---

[15] A la primera célula se le conoce como LUCA (Last Universal Common Ancestor o Último ancestro universal común).

HUMANOS

La estrecha relación con el cosmos

Uno de los descubrimientos arqueológicos más importantes de los últimos tiempos es, sin duda, el que surgió del yacimiento de Göbekli Tepe. Está situado al sur de Turquía, en la frontera con Siria, muy cerca de la antigua ciudad sumeria de Ur que, según la Biblia, fue aquella que vio nacer a Abraham. El conjunto arquitectónico fue descubierto en el año 1994 por el arqueólogo alemán Klaus Schmidt. Antes, en 1964, el lugar fue examinado por arqueólogos de las universidades de Estambul (Turquía) y Chicago (Estados Unidos), y fue descartado como un lugar para investigarlo profundamente porque llegaron a la conclusión de que tanto las calizas decoradas, como algunas de las estructuras halladas, no eran más que un cementerio bizantino, y su interés, decían, se limitaba al turismo al igual que otros muchos lugares de aquel país. Por lo tanto, pensaron, no merecía la pena detenerse a investigar con mayor profundidad. Cuando se produjo aquel primer estudio turco-estadounidense, Schmidt no llegaba a once años y dedicaba gran parte de su tiempo libre a entrar en cuevas de su Alemania natal con la esperanza de encontrar pinturas rupestres y consagrarse como un arqueólogo de renombre. "Fantasías de un niño", debieron pensar sus allegados.

Lo que ni tan siquiera pudieron llegar a imaginarse sus conocidos es que tiempo después, Göbekli Tepe, aquel lugar descartado para llevar a cabo investigaciones, cambiaría la vida de

Schmidt. Cuando el alemán vio aquel sitio por primera vez, tres décadas después de que fuese desestimado, ya era miembro del Instituto Arqueológico de su país natal; pero lo que ni él mismo llegó a sospechar es que dedicaría el resto de su vida a excavar e investigar en aquellas tierras que tanto interés le habían despertado. Schmidt comenzó a excavar siendo consciente del desinterés mostrado años atrás sin perder aquella curiosidad que tenía cuando no era más que un crío buscando pinturas rupestres en cuevas. Sin duda, había apostado por Göbekli Tepe y ya, desde sus primeras investigaciones, Schmidt halló centenares de herramientas hechas en piedra que cubrían una gran superficie. Su intuición no le falló y con el paso del tiempo vio que lejos de la irrelevancia que mostraron los resultados de los investigadores en 1964, aquello poseía un gran interés arqueológico, tanto que ni él ni su equipo se podían hacer idea de la magnitud.

Dos años después de sus primeros hallazgos en Göbekli Tepe, Schmidt se hizo cargo de la dirección del proyecto hasta el mismo día de su muerte, causada por infarto agudo de miocardio ocurrido el 20 de julio de 2014 en Ückeritz (Alemania), mientras nadaba en la piscina. El alemán estuvo tan involucrado con el proyecto que quiso estar presente en cada avance que se realizaba. Por ello, se compró una casa en las inmediaciones del yacimiento con el fin de estar lo más cerca posible. En cierto modo, ya sabía que iba a pasar allí el resto de sus días.

Al poco tiempo de comenzar las excavaciones, fueron descubiertas cuatro grandes estructuras de piedra junto a otras algo más pequeñas. Los análisis que se han hecho en el complejo han ofrecido un resultado de datación establecido en 11.500 años de antigüedad, algo que lo convierte en el templo más antiguo del mundo, al menos conocido hasta la fecha. Como datos, la estructura es 3.000 años más antigua que las primeras civilizaciones conocidas y duplica en edad prácticamente a la de cualquier otra de características semejantes. Sirva como ejemplo que el complejo de Göbekli Tepe es 7.000 años más antiguo que el de Stonehenge, aunque, a nivel morfológico, ninguno de los círculos del conjunto turco es tan grande como el que presenta la construcción británica. A fecha de edición de este libro, se cree que tan solo ha salido a la luz aproximadamente el cinco por ciento del yacimiento por lo que parece ser, queda muchísimo por descubrir.

Conocer la antigüedad de las ruinas de Göbekli Tepe ha despertado la curiosidad de muchos ya que, en aquella época, sus constructores no conocían la agricultura ni habían domesticado animales: eran cazadores y sobrevivían de lo que conseguían en el entorno en el que se desarrollaban. Esta forma de vida rompe con lo que se tenía establecido por parte de arqueólogos, historiadores y antropólogos, ya que cuando nuestros antepasados construían este tipo de edificios se creía que ya tenían dominada, al menos, la agricultura. Para hacerse una idea de los conocimientos que podrían tener estos pobladores, es necesario remontarse unos 14.500 años al pasado, momento en el que finalizaba la última glaciación y las temperaturas experimentaron un notable aumento, sobre todo en latitudes medias.

Este cambio climático provocó que los animales que habían servido de sustento durante decenas de generaciones migrasen al norte, hacia lugares más fríos. Por el mismo motivo, la vegetación también se vio modificada en gran medida. La consecuencia directa fue que los hábitos alimenticios de nuestros antepasados cambiaron. A partir de ahí, lo lógico —así estaba planteado hasta hace unos años— sería pensar que en ese momento comenzasen a desarrollar la agricultura y la ganadería. Sin embargo, el hallazgo de Göbekli Tepe tiró por tierra esa hipótesis. Las investigaciones ofrecen conclusiones en la dirección de que estos dos acontecimientos sucedieron miles de años más tarde y que el hombre en aquella época seguía siendo cazador-recolector.

Poco después del fin de la glaciación, hace unos 12.000 años aproximadamente, tuvo lugar el inicio de la conocida como Revolución Neolítica, en cuyo inicio se experimentó una repentina e inesperada bajada de las temperaturas, aunque sin llegar a ser considerada como una glaciación. En aquella época, las hipótesis apuntan a que nuestros ancestros ya se habrían establecido en poblados y habrían comenzado a desarrollar técnicas de alfarería y cerámica. Por último, debieron de aparecer la escritura y las artes para dar paso al surgimiento de la religión. A partir de aquí comenzarían las construcciones de estructuras como Stonehenge o las pirámides de Egipto.

El estudio e interpretación de Göbekli Tepe echó por tierra todos esos supuestos y lo cambió todo. Su construcción se enmarca en los inicios de la ya mencionada Revolución Neolítica y, según el propio Schmidt, aparecen motivos de adoración a deidades: una incipiente religión estaba surgiendo seis mil años antes de lo que se creía, algo revolucionario a la hora de entender nuestro pasado. Por esto y otras cosas, como se verá, las ruinas turcas podrían ser el descubrimiento arqueológico más importante de la segunda mitad del siglo XX. Gracias al hallazgo de Göbekli Tepe, se sabe que la construcción del complejo permitió el desarrollo de sociedades jerarquizadas mucho antes del dominio de la agricultura y la ganadería. Algunos arqueólogos, Schmidt entre ellos, creen que el levantamiento de la estructura pudo ocurrir por una especie de necesidad surgida hace más de 11.000 años para intentar comprender un suceso que pudo sorprender a aquellos pobladores. Según algunas fuentes, una de las explicaciones es que esto podría ser consecuencia de intentar relatar una catástrofe natural ocurrida incluso siglos antes de la construcción de Göbekli Tepe, la cual pudo haber provocado la ba-

Imagen 3.1. Área de excavación principal de Göbekli Tepe que muestra los cuatro círculos monumentales y los edificios rectangulares adyacentes. (Créditos: Dietrich *et al.*, 2019).

jada de las temperaturas al inicio de la Revolución Neolítica. Más adelante se profundizará en esta hipótesis, pero antes, por supuesto, es necesario hablar sobre las estructuras de Göbekli Tepe, que se muestran globalmente en la imagen 3.1.

El monumento turco está formado por varios recintos de forma elíptica, de entre siete y diez metros de semieje mayor, que vienen marcados con rocas calizas extraídas de lugares cercanos y talladas en forma de "T" donde, en el centro de dos de las elipses, se han encontrado sendos monolitos. También han aparecido cuatro círculos de piedra, aunque se estima que en las zonas no examinadas podría haber más. En algunas zonas de la excavación destacan rocas talladas con representaciones en relieve de algunos animales como jabalíes, pájaros, leones, serpientes o escorpiones. Por otro lado, resulta paradójico que los recintos más antiguos encontrados hasta ahora en Göbekli

Tepe son, con mucha diferencia, los más complejos a nivel ornamental.

Llegados a este punto, quiero volver a algo que se quedó en el aire: ¿qué pudo haber sido ese evento catastrófico representado en Göbekli Tepe, sucedido siglos antes de su construcción y que, parece ser, fue transmitido de generación en generación? Una de las hipótesis que intenta explicar lo que originó el descenso térmico al inicio de la Revolución Neolítica indica que se podría deber al impacto de un cometa o fragmentos de él. La bajada de las temperaturas está más que demostrada gracias a los registros de hielo encontrados en Groenlandia. Estas pruebas atestiguan tal cambio climático durante un período llamado Younger Dryas, denominado así por la planta floral *Dryas octopetala,* que vive en condiciones frías, volviéndose común durante un breve período de tiempo en lo que hoy es Europa. Tras aparecer al inicio de la Revolución Neolítica, la especie vegetal desapareció unos 1.200 años después, lo que hace pensar a los científicos que esa bajada térmica transitoria se debió a un agente externo.

¿Cuál es la relación entre el Younger Dryas y Göbekli Tepe? El nexo podría encontrarse en las figuras talladas en algunos de los pilares de la construcción. Destaca sobre todo el denominado Pilar 43 o Piedra del Buitre, de especial interés arqueológico. También se sospecha que el resto de las imágenes talladas en forma de animales, como zorros o serpientes, estaban relacionadas con constelaciones ya que, en base a simulaciones celestes de aquella época, sus posiciones relativas parecen coincidir con algunos asterismos[16] conocidos en el cielo nocturno. Como con-

---

[16] Un asterismo es un grupo de estrellas que forman una figura reconocible, pero que no es oficialmente una constelación. Ejemplos de asterismo son el Carro de la Osa Mayor o el Cinturón de Orión.

secuencia de ello, los investigadores concluyeron que uno de los usos de Göbekli Tepe podría haber sido el de observatorio astronómico ya que en sus pilares está representado un catálogo de eventos celestes, entre los que se incluyen, parece ser, la lluvia de meteoros de las Táuridas. En ese mismo Pilar 43 aparece dibujado un escorpión con la misma disposición con la que se encuentra la constelación Scorpius en el cielo. Del mismo modo, el buitre mencionado anteriormente podría encajar con el asterismo conocido coloquialmente como La Tetera en Sagittarius, ya que la disposición de su cabeza y alas se asemeja a la distribución de las estrellas en esa parte de la constelación, tal como se observa en la imagen 3.2. Otro ejemplo de este mismo patrón es el pájaro que se contonea, el cual sostiene en su pico lo que parece ser un pez o una serpiente. Por su posición respecto a las otras figuras, podría corresponderse con nuestra actual constelación de Ophiuchus, el polémico decimotercer signo zodiacal, situado entre el Escorpión y el Arquero.

En ese mismo pilar también aparece un círculo que podría interpretarse con el Sol. Los científicos creen que se trata de una marca de fecha ya que teniendo en cuenta las constelaciones representadas en el cielo de aquella época, la posición podría estar marcando el solsticio de verano de hace unos 13.000 años, algo que por otro lado está muy en el aire ya que resulta muy complicado averiguar una época en base a una talla en roca cuyas formas, bordes y disposiciones ofrecen unos márgenes de incertidumbre muy altos. Personalmente, la precisión que ofrece este estudio la pongo en entredicho al igual que han hecho otros investigadores y conocedores del lugar. Además, no hay que olvidar que las interpretaciones astronómicas que se hacen en este tipo de monumentos están sesgadas por nuestro propio conocimiento ya que sin lugar a duda es difícil llegar a saber qué estaban representando exactamente nuestros antepasados. Simplemente,

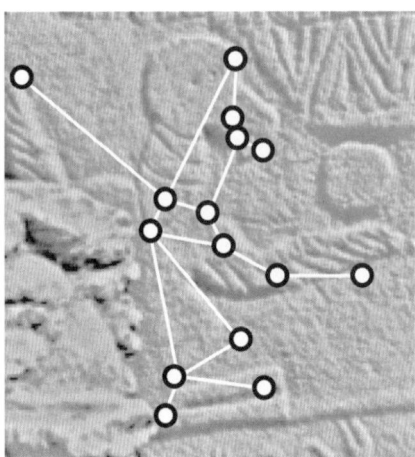

Imagen 3.2. Derecha: Detalle del Pilar 43 en el que aparece El Buitre. Izquierda: comparación de El Buitre con las estrellas que conforman el asterismo de La Tetera en Sagittarius. (Créditos: A. Pérez-Verde en base a Sweatman & Tsikritsis, 2017)

se observa y analiza lo que el paso del tiempo ha dejado y se realiza una interpretación en base al saber acumulado hoy. En estos casos, hay que tener en cuenta que la disposición de los dibujos tallados puede que tan solo sean casualidades con relación a constelaciones y que se esté intentando buscar correspondencias con estrellas. Por otro lado, tampoco se descarta la coincidencia de las figuras con algunas constelaciones celestes —obviando el tema de la marca de fecha—. Desde luego, los estudiosos de estas estructuras no están completamente seguros ni de una cosa ni de otra.

Entonces, ¿qué hay de cierto en la hipótesis de que Göbekli Tepe pretendía dejar un mensaje a generaciones venideras? Según algunos de los supuestos planteados, y dando por bueno que las figuras y el Sol representan el cielo que había hace unos 13.000 años —sin olvidar que no está del todo claro que así sea—, queda marcada una época anterior a la construcción de Göbekli Tepe o, al menos, anterior a la fecha en la que se colocaron las piedras talladas. Este cielo esculpido en roca podría representar el del inicio del evento del Younger Dryas o, lo que es lo mismo, el comienzo de este período en el que volvieron a descender las temperaturas, aunque el artículo que expone la hipótesis[17] tiene muchos detractores debido a la falta de rigor científico que muestra. En lo que sí están de acuerdo algunos estudiosos de la Prehistoria es en catalogar ese día inicial como el peor día de la humanidad desde el final de la Edad de Hielo. Por lo tanto, y sin olvidar que se trata de una hipótesis, nuestros antepasados tal vez quisieran plasmar mediante un mapa celeste ese evento que provocó que las temperaturas globales volviesen a caer repentinamente.

Los defensores de la teoría de la marca de fecha postulan que en aquellas rocas quedaron representados esos momentos que sucedieron siglos atrás, quizás para recordarlo o, tal vez, como advertencia de algo que podría volver a suceder. De todos modos, la relación entre la caída de esos fragmentos de cometa y las bajadas de las temperaturas, conforman una hipótesis que todavía no está demostrada. A favor de este supuesto están las anomalías en cantidades de platino —mucho más elevadas de lo habitual— detectadas en América del Norte, relacionadas con un evento de impacto ocurrido en la época a la que se hace referencia. También han podido averiguar de qué objeto podrían proceder tales fragmentos, siendo el cometa 2P/Encke el candidato más favorable, el mismo cuyos desechos a lo largo de su órbita provocan las estrellas fugaces de las Táuridas cada vez que nuestro planeta se encuentra con los meteoroides de su tubo meteórico una vez al año. La diferencia es que, en aquella ocasión, estas partículas pudieron ser mucho más grandes debido a una fragmentación, precipitándose contra la superficie terrestre

---

[17] *Mediterr. Archaeol. Archaeom.*, 17 :1 (2017).

en forma de meteoritos. Dicho de otro modo, a los meteoroides del tamaño de un grano de arroz que provocan las estrellas fugaces típicas, se unieron fragmentos mucho más voluminosos del cometa, del orden de centenares de metros, que podrían haber acabado incluso con algunas especies.

Finalmente, y sin saber el motivo, hace unos 10.000 años aquellos pobladores de Göbekli Tepe decidieron enterrar deliberadamente todo el monumento, volviendo a ver la luz cuando Schmidt lo observó con aquellos ojos llenos de curiosidad.

* * *

Al hablar de posibles mapas celestes tallados en la Prehistoria, sin duda se debe mencionar el Dolmen de Soto, un lugar en el que aparece, posiblemente, uno de los primeros planisferios celestes de la humanidad, ya que como en el caso anterior, aparece el sesgo debido a nuestro propio conocimiento. Sin embargo, antes de profundizar en él, conviene mencionar su descubrimiento ya que se trata de una historia digna de conocer.

Hay que remontarse al año 1919, en el término municipal de Trigueros, en Huelva. En este lugar, Armando de Soto, propietario de una finca, quiso construir una pequeña edificación para el vigilante de sus tierras. Durante la obra, los trabajadores encontraron unas rocas que estaban situadas siguiendo una disposición muy extraña. Así se lo hicieron saber al propietario, aunque este las obvió y ordenó continuar con la construcción. Tres años después, en 1922, un amigo de Armando estuvo echando un vistazo a las actas del Ayuntamiento de Trigueros y observó algo que le llamó la atención. Resulta que la tumba del matemático Mohammed ibn Musa al-Khwarizmi, fallecido más de mil años atrás, podría estar situada en esa misma finca. Además, contaba la leyenda que el cadáver de cuyo apellido se deriva la palabra algoritmo, fue enterrado junto a un tesoro. El aliciente de esas riquezas le hizo recordar a Armando aquellas rocas distribuidas de forma singular que habían encontrado sus obreros. La consecuencia fue que se puso manos a la obra y encontró una especie de pórtico. Él mismo se encargó de acceder y extraer toda la tierra del lugar que acababa de encontrar, algo que le llevó ocho largos meses de duro trabajo. Allí donde pensaba que estarían las riquezas de al-Khwarizmi, no había nada más allá de algunos esqueletos. Lo que no sabía es que realmente había encontrado un tesoro: un dolmen de corredor de gran valor arqueológico. Tras el hallazgo, a pesar de que Armando no halló lo que pretendía, lo puso en conocimiento del Duque de Alba, quien propuso a Hugo Obermaier, arqueólogo y paleontólogo alemán, la posibilidad de investigar aquella estructura debido a la reputación que lo acreditaba tras haber investigado las cuevas de Altamira, descubiertas apenas medio siglo atrás. Tras aceptar, se llevaron a cabo las primeras investigaciones y pudieron comprobar que se trataba de un monumento megalítico cuya antigüedad se estimó entre los 4.500 y 5.000 años.

La construcción fue analizada en profundidad y vieron que el montículo circular que rodeaba todo el monumento tenía un tamaño perimetral de más de ochenta metros y que el pasillo del dolmen superaba los veinte metros de longitud. La investigación mostró un dato relevante: de manera previa a la construcción del dolmen, en ese mismo lugar existía un crómlech o círculo de piedras megalítico de construcción humana, erigido entre 1.000 y 2.500 años antes que el propio dolmen. Esto hace pensar que los elementos que conformaban esa construcción inicial fuesen los utilizados para crear el dolmen que ha llegado hasta nuestros días.

Analizando el monumento, se pueden encontrar varias referencias celestes. La más evidente se encuentra en la orientación del pasillo, ya que aparece alineada con la salida del Sol en los días de equinoccio, rigiéndose por lo tanto con el eje este-oeste. Esto demuestra que nuestros antepasados tenían interés en comprender los movimientos solares y, no solo eso, sino que tenían unos conocimientos matemáticos destacables. ¿Esto que quiere decir? Resulta sencillo representar la salida o puesta de Sol en días de solsticio, ya que basta con realizar una observación directa. Sería suficiente con observar los amaneceres o los atardeceres durante unos pocos años y darse cuenta de que, mirando desde un mismo punto, el Sol viaja hacia ese punto solsticial, llega hasta ahí, parece detenerse[18] y, desde ahí, retrocede hasta llegar al otro punto solsticial. Sin embargo —y aquí llega la potencia matemática de nuestros antepasados—, el cálculo del punto equinoccial de salida o puesta de Sol requiere de un cálculo indirecto. Es decir, el punto de salida del Sol en un equinoccio[19], se podría obtener calculando el punto medio entre los dos puntos solsticiales de salida del Sol y, de manera similar, usando las puestas de Sol. Aunque existen otros métodos, este es el más sencillo y el que menos cálculos intermedios requiere, pero, aun así, son necesarias una serie de operaciones matemáticas indicando que, en la época de construcción del Dolmen de Soto, nuestros antepasados de hace cuatro milenios ya eran capaces de realizar ese tipo de cálculos.

La disposición del pasillo del dolmen no es lo único destacado del monumento, astronómicamente hablando. Resulta que la cara visible de una de las rocas que está situada en el pasillo del dolmen —el ortostato 31— aparece tallada. Se aprecian conjuntos de cazoletas o agujeros tallados en la roca, no más grandes

---

[18] De ahí precisamente deriva la palabra "solsticio" o *sol stitium,* es decir, Sol estático.

[19] La palabra deriva de *aequi noctium* o misma duración de la noche y del día.

que la yema del pulgar y que por su disposición parecen representar un mapa celeste. También se cree que estas perforaciones se realizaron en tiempos del crómlech, es decir, varios siglos antes de la construcción del dolmen. En un primer vistazo podría parecer que tan solo son hendiduras aleatorias, sin embargo, ya sea por el afán de relacionar puntos para ver patrones conocidos, o bien porque realmente representan astros, allí se muestra lo que podrían ser referencias a posiciones de estrellas en el cielo.

Dando por válida la correspondencia de las cazoletas con posiciones estelares, como se muestra en la imagen 3.3, se puede identificar lo que parece ser la parte superior de la constelación de Orion, junto a lo que, según la mitología, podría corresponder a la daga colgada del cinturón, en la región donde se en-

Imagen 3.3. Izquierda: Posibles estrellas y constelaciones representadas en el ortostato 31 del Dolmen de Soto. Derecha: disposición real de las estrellas actualmente. (Créditos: A. Pérez-Verde)

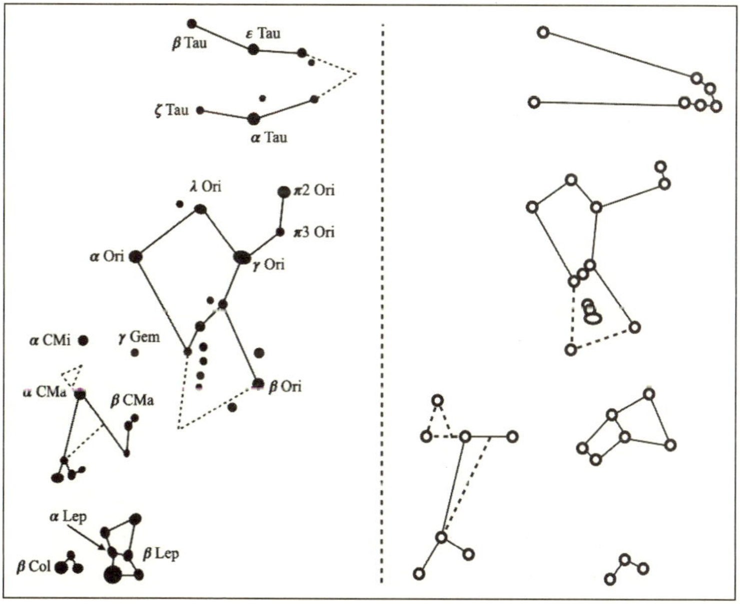

cuentra M42, la Gran Nebulosa, visible a simple vista. También se aprecia, parcialmente, la parte inferior de dicha constelación, así como referencias a partes de constelaciones aledañas como por ejemplo Taurus o Canis Maior. La pregunta que siempre me viene a la cabeza es la siguiente: si esta representación está en la parte de la roca que da al interior del pasillo, ¿podría haber más interpretaciones en las rocas que dan al exterior y que en estos momentos están cubiertas de tierra?

* * *

En este capítulo no puede faltar el que es considerado el monumento megalítico más famoso del mundo: Stonehenge. Todos lo hemos visto en imágenes, en esquemas, en documentales o incluso *in situ*. Se trata de una construcción cuyos orígenes están datados en varios milenios de antigüedad, aunque es importante destacar que, en sus inicios, el monumento no era ni tan siquiera parecido a lo que ha llegado a la actualidad debido a que su construcción pasa por varias fases. Es cierto que existen distintos grupos de arqueólogos que difieren en las etapas de construcción de este complejo. Sin embargo, para hablar este monumento me he basado en una de las fuentes más aceptadas, el libro *Stonehenge in its Landscape: Twentieth-century excavations* elaborado por R. Cleal, M. James y K. Walker donde según este trabajo, la estructura se construyó en cinco fases.

En base al citado trabajo, la primera de las fases dio comienzo hace unos 5.000 años. En aquella época, se excavó una zanja circular de unos 110 metros de diámetro y toda la tierra extraída la distribuyeron a ambos lados de la zanja, formando dos anillos: uno externo de unos cincuenta centímetros de altura y otro interno mucho más elevado, de unos dos metros. Cabe destacar que ni el surco ni los anillos formaban un círculo cerrado, sino que dejaron una clara abertura. Tomando como referencia el centro del anillo, una de las zonas abiertas estaba dirigida hacia la salida del Sol el día del solsticio de verano, es decir, cuando el astro rey sale en su posición más cercana al norte, algo que resulta clave en Stonehenge ya que la recta que une esta entrada con el centro del círculo sirvió como eje de simetría para futuras modificaciones en el monumento, tal y como se verá más adelante. El anillo también mostraba una abertura menos significativa dispuesta hacia el sur, aunque ligeramente desviada hacia el este, algo que parece ser que no fue relevante en la construcción o, al menos, no ha despertado gran interés entre los investigadores del lugar.

Siguiendo con esta primera etapa, también se llevaron a cabo los cincuenta y seis agujeros de Aubrey, llamados de esta forma como mención al anticuario John Aubrey, quien los descubrió en el siglo XVII. No se sabe muy bien qué propósito tenían, aunque se piensa que podrían albergar pequeños elementos para remarcar el círculo, o incluso alojar postes de piedra. Algunos de ellos también se empleaban para realizar enterramientos ya que en su interior se encontraron restos de animales incinerados. Asimismo, en esta primera etapa se situaron verticalmente algunos postes de madera tanto en el interior del círculo como en la embocadura solsticial, destacando la colocación más armoniosa en este último lugar como una forma de resaltar la importancia de esa zona del anillo en aquella incipiente estructura.

La segunda etapa de Stonehenge comenzó hace unos 4.600 años y, quizás, sea la época de mayor esplendor del monumento. En los doscientos años que duró, se construyeron las partes más significativas del lugar. Por un lado, se levantó la estructura de cinco trilitos conformando una especie de herradura. Es decir, dos trilitos paralelos dos a dos y uno ejerciendo de base. Cada uno de estos conjuntos de tres rocas estaba compuesto por dos elementos dispuestos en vertical y un tercero situado sobre ellos en horizontal. De esta forma, creaban una especie de pórticos enormes donde el trabajo de ingeniería para levantar estas cinco estructuras fue algo totalmente novedoso ya que nunca se había construido algo ni tan siquiera parecido. Poniendo cifras, la herradura completa mide unos catorce metros de ancho y cada una de las piedras que lo conforman tienen una masa media de unas cincuenta toneladas. Los trilitos más pequeños son los que están situados en las ramas de la herradura donde ambos tienen una altura de unos seis metros. Sin embargo, el que ejerce de base es el mayor de todos y llega a superar los siete metros de altura. Obedeciendo a la simetría del monumento, la base y las ramas de la herradura de trilitos están orientadas en dirección a la salida del Sol en días del solsticio de verano.

Por otro lado, de manera posterior a la fijación de la herradura, se compuso el anillo elevado de rocas que rodea los trilitos. Este círculo de treinta metros de diámetro está compuesto por treinta rocas a modo de menhires y, sobre ellos, otras tantas apoyadas cada dos para componer la característica estructura que hoy está parcialmente derruida. Cada uno de estos menhires tiene una altura de unos cuatro metros y una anchura de dos, mostrando un espesor de algo menos de un metro. En cuanto a la masa de cada una de las rocas, ronda las veinticinco toneladas cada una. Además, el punto orientado al solsticio de verano coincidía con el centro de un hueco del círculo de pórticos, permitiendo que los primeros rayos del Sol llegasen a la piedra base de la herradura de trilitos sin que ninguna roca interfiriera en ese recorrido. En esta segunda época también se colocaron dos de las rocas más significativas de la construcción, como son la Roca Talón y la Roca Altar. Al finalizar esta etapa, Stonehenge debía de lucir esplendoroso. Con la herradura de trilitos y la estructura circular rodeándolos, junto a las rocas Talón y Altar, formaban una herramienta que reaccionaba al solsticio ya que las rocas estaban pulidas y era como si el Sol las hiciera brillar en ese día tan señalado. Con respecto a la tercera etapa de Stonehenge, duró aproximadamente un siglo y comenzó hace unos 4.300 o 4.400 años. Esta época destaca por las nuevas incorporaciones de elementos rocosos al complejo megalítico. Probablemente estas nuevas rocas, que se estiman en una cantidad de veinticinco, procediesen de otro crómlech cercano situado a apenas dos kilómetros del lugar. Se cree así, debido a las similitudes encontradas entre unas y otras. Estos nuevos elementos, según las hipótesis que se plantean en el trabajo citado, podrían haber formado parte de un arco situado dentro de la herradura de trilitos. También se trazó la conocida como "Avenida de Stonehenge", un camino orientado según el eje de simetría del monumento en sus primeros centenares de metros. Luego, hacia los quinientos metros de recorrido, la avenida se desvía hacia una orientación este para luego virar hacia el sur y, finalmente, completar los dos mil quinientos metros de recorrido.

La cuarta de las etapas de Stonehenge supone más trabajos de modificación que de construcción. Se inició hace unos 4.200 años y duró apenas medio siglo, aunque algunas investigaciones alargan la duración de esta fase hasta los doscientos años. En esta época se desmanteló el arco de rocas provenientes del crómlech aledaño, cuyos elementos se reubicaron con el fin de describir un óvalo que también estaba situado en el interior de la herradura de trilitos. Usando nuevas rocas se creó un nuevo círculo formado por una cantidad de elementos que se cree que oscila entre cuarenta y sesenta, y estaba situado entre la herradura de trilitos y el anillo elevado. En esta breve época también se produjo el derrumbe del más grande de los trilitos a causa del paso del tiempo.

Por último, la quinta y última etapa de Stonehenge se extiende desde hace unos 4.000 años hasta unos 3.500 años. A lo largo de este tiempo se realizaron una serie de tallas en las rocas más significativas del complejo. El inexorable paso del tiempo ya había empezado a hacer estragos en forma de deterioro de algunos elementos, resquebrajándolos, llegando incluso a derribarse algunas estructuras. Poco a poco, los pobladores del lugar fueron abandonando el monumento y la falta de mantenimiento hizo que hoy en día esté parcialmente destruido.

Tras analizar los elementos más grandes que conforman el complejo de Stonehenge, es decir, los trilitos y la estructura elevada, se ha sabido cuál era la procedencia de esas grandes rocas. Son del tipo dolerita y se las conoce como Rocas Azules. Como ya se ha visto, tienen una masa de decenas de toneladas cada una de ellas y los constructores del monumento no las extrajeron de una región cercana a Stonehenge, sino que proceden de la región de Preseli Hills, a más de doscientos kilómetros al oeste del monumento. ¿Por qué desde tan lejos? No se tiene muy clara la respuesta.

Otra pregunta que suele surgir tras imaginar los inicios de Stonehenge, sobre todo en sus dos primeras etapas, es ¿qué vieron allí para construir tal monumento? Esta cuestión se la han planteado los arqueólogos desde el mismo momento en el que llegaron las primeras interpretaciones astronómicas, a mediados del siglo XIX, por parte del reverendo Edward Duke, o incluso mucho antes, allá por el siglo XVII, cuando el ya mencionado John Aubrey realizó un profundo estudio del monumento. Lo que está claro es que, ya desde sus inicios, tomaron el punto de salida del Sol en el solsticio de verano como una referencia a partir de la cual construyeron la estructura. Quizás pudieron ser líneas paralelas debidas a algún antiguo cauce cuya dirección apuntaba de manera fortuita a la salida del Sol en el solsticio de verano, o tal vez fue un lugar tomado como atalaya a partir del cual poder medir el tiempo y usarlo en su favor. Difícilmente se conocerá tal motivo, pero, sea cual sea, los llevó a construir el monumento megalítico más famoso del mundo.

* * *

Dejando atrás las grandes estructuras megalíticas, le llega el turno a la que probablemente sea la primera gran herramienta astronómica que ha construido el hombre o, al menos, la primera de la que se ha conseguido recuperar fragmentos. Llega el turno de hablar del mecanismo de Anticitera, un artefacto que se construyó sobre el siglo II a. C. y que se pudo fabricar gracias a milenios de conocimiento acumulado por parte de grandes culturas como la griega, la egipcia o la mesopotámica. Hoy se sabe que este artilugio era una suerte de simulador astronómico basado en un modelo geocéntrico que predecía las posiciones del Sol, la Luna y los cinco planetas conocidos en la Antigüedad, a saber, Mercurio, Venus, Marte, Júpiter y Saturno. Lo cierto es que en el momento de su descubrimiento no se le prestó demasiada atención, a pesar de que se trata de una herramienta extremadamente compleja. Esos niveles de precisión e ingeniería no se volverían a ver en Europa hasta unos 1.600 años después.

Todo lo que se ha recuperado del mecanismo de Anticitera procede del naufragio de un navío que trazaba una ruta comercial desde la actual Turquía hasta Roma. El barco, cuya masa se ha estimado en unas trescientas toneladas, era un mercante que iba cargado de esculturas de bronce, otras de mármol, monedas, ánforas, joyería y demás piezas de valor. Este tipo de rutas, tras navegar por el mar Egeo se abrían al Mediterráneo pasando entre las islas griegas de Citera y Anticitera. Sin embargo, cuando la embarcación que portaba el mecanismo iba a atravesar el estrecho formado por esas dos islas, una fuerte tormenta le hizo naufragar frente a la costa oeste de la isla sur, Anticitera. Transcurridos casi dos mil años desde el naufragio, en la primavera de 1900, hubo otra tormenta en la misma zona que sorprendió a un barco de pescadores de esponjas. En este caso, los marinos lograron llevar el barco a puerto y refugiarse en la ya mencionada isla de Anticitera. Al día siguiente, con la meteorología calmada, volvieron a la mar y los buzos hicieron una inmersión para continuar con las labores de pesca. En las inmersiones apreciaron cómo, a causa de la tormenta, el fondo del mar había sido removido. Uno de los pescadores, Elias Stadiatos, emergió sobresaltado porque según sus palabras había encontrado "cuerpos de animales y hombres desnudos, pudriéndose en el fondo". Compañeros suyos bajaron para comprobar si lo que había dicho Stadiatos era cierto o, por el contrario, había sido fruto de su imaginación o incluso producto de un ataque de locura. Sus camaradas observaron estupefactos que lo que vio no eran cuerpos en descomposición, sino partes de estatuas que habían sido visibles gracias a la tormenta de la noche anterior. Pocos meses más tarde, en otoño de 1901, se llevó a cabo la primera de las expediciones en aquel lugar, recuperando algunos materiales que el navío llevaba como cargamento. Todo estaba afectado por la corrosión debido al tiempo que había estado bajo el agua, aunque, pese a ello, los arqueólogos lograron identificar las monedas recuperadas y las más recientes de las halladas permitieron datar la fecha del hundimiento, estableciéndose en una horquilla que transcurre entre el año 70 a. C. y el 60 a. C.

Un extraño objeto fue recuperado de entre los restos del naufragio. Lo examinó Valerios Stais, arqueólogo del Museo Arqueológico de Atenas. Lo calificó como una especie de reloj debido a que observó una pieza que presentaba algunos engranajes.

En esa misma expedición aparecieron más fragmentos de aquel extraño objeto donde, la primera conclusión iba en la dirección de que aquel artilugio fue arrojado al mar mucho tiempo después del naufragio y, casualmente, quedó depositado sobre el pecio. El motivo fue que los relojes o instrumentos similares no habían sido inventados todavía en la época en la que el barco naufragó o, al menos, eso pensaban. Sin embargo, al examinar los niveles de corrosión y los depósitos de materiales, comprobaron que eran similares a los que había en el resto de los objetos recuperados. Es por eso por lo que Stais decidió conservarlo y entregarlo al museo junto al resto de materiales ya que, en contra de lo que pensó en un principio, parecía que esos fragmentos estaban en el navío en el momento del naufragio. Aun así, a aquel objeto, que cuanto menos era extraño, no le prestaron demasiada atención ya que en el museo decidieron centrarse sobre todo en las piezas de arte.

Por suerte, algunos investigadores analizaron aquellas singulares piezas a pesar del olvido que hubo por parte del Museo. Tras aquellos primeros estudios, lanzaron varias conclusiones donde algunas de ellas defendían que se trataba de una especie de astrolabio, algo que ya se usaba para localizar objetos celestes en Grecia desde s. III a. C. Sin embargo, estos artilugios no comenzaron a presentar engranajes hasta el s. X d. C, descartando por ese motivo que el instrumento hallado se correspondiera con esa herramienta. El historiador de la ciencia británico Derek John de Solla Price, en 1956, decidió llevar a cabo la primera gran investigación de aquellos fragmentos tan extraños a pesar de que el museo seguía sin mostrar interés. Los estuvo investigando durante dos décadas, realizando en 1970 uno de sus estudios más importantes junto al físico nuclear Charalampos Karakalos. Realizaron un gran trabajo analizando la pieza más grande con rayos X y rayos gamma, descubriendo nuevos engranajes que no se veían a simple vista y llegando a sospechar que esa pieza podría albergar hasta una treintena de ruedas dentadas. Con los datos obtenidos de la gran cantidad de análisis que realizaron, De Solla Price y Karakalos detectaron un conjunto de engranajes diferenciales, deduciendo que parecían modelar epicicloides con el objetivo de simular el tiempo transcurrido entre dos fases lunares idénticas —período conocido como "mes sinódico"—, ya que algo así no se podría lograr sin este tipo de engranajes. Su conclusión tras analizar todo el conjunto de engranajes fue que aquel extraño objeto era un artilugio para calcular posiciones celestes ya que, según crónicas de la época del naufragio, se conocía la existencia de máquinas capaces de predecir posiciones del Sol, la Luna y los planetas. Sin embargo, no lo tomaron en serio porque, aunque se sabía que los griegos tenían grandes conocimientos matemáticos, no se les consideraba muy duchos a la hora de hacer ese tipo de ruedas dentadas, descartando que se tratase de una de esas máquinas. Debido a ello, se siguió considerando la idea de que pudiera ser una especie de astrolabio, aunque Arquímedes, ya en el s. III a. C., usaba esos engranajes en los odómetros que construía para medir distancias. De Solla Price estuvo estudiando el mecanismo hasta 1974 y a pesar de la incredulidad de la comunidad arqueológica, fue él quien comenzó a atisbar lo maravilloso que podría ser el hecho de descifrar su funcionamiento; algo que, por otro lado, no llegaría a lograr. También planteó una revisión de la tecnología griega, porque el hecho de haber podido construir tal mecanismo hacía indicar que los antiguos helenos eran mucho más avanzados de lo que se pensaba.

Desde la expedición de 1901 hasta nuestros días, ha habido varias inmersiones orientadas a obtener nuevos fragmentos del mecanismo de Anticitera, donde destacan las lideradas por Jacques Cousteau en la década de 1970. También se encontraron nuevas piezas ya depositadas en el museo, ya que se volvieron a analizar algunas piezas no catalogadas de entre los restos del naufragio. A fecha de edición de este libro se han recuperado ochenta y dos fragmentos de este artilugio, donde los más grandes están numerados con letras —de la A a la G— mientras que los más pequeños lo están con números —del 1 al 75—. Con todo ello, se estima que lo recuperado se corresponde únicamente con un tercio de lo que sería el mecanismo original. Tras los trabajos de De Solla Price, más investigadores han analizado este artilugio con estudios donde se han realizado tomografías mucho más precisas y se han encontrado nuevos engranajes, algo que no hacía más que aumentar la complejidad de aquella máquina. Hoy se sabe que la mayor parte de ellos están presentes en la pieza más grande, que contiene 27 de los 30 engranajes encontrados en el mecanismo. También se ha podido averiguar la composición de los restos recuperados: se trata de bronce constituido en un 95 % por cobre y un 5 % por estaño, todo ello troquelado a partir de una lámina de dos milímetros de espesor. También se cree que el mecanismo de Anticitera debía de estar alojado en una caja de madera, cuyo tamaño sería de poco más de treinta centímetros de alto, unos veinte centímetros de ancho y no llegaría a los diez centímetros de espesor.

Con todas las investigaciones llevadas a cabo con el objetivo de comprender el funcionamiento del mecanismo de Anticitera, se pueden mencionar algunos aspectos interesantes. Muchos de ellos surgen a partir de una investigación realizada en 2005, liderada por Michael Wright. En ella se tomaron fotografías captadas con una técnica orientada a buscar los relieves de las marcas y los textos, con la finalidad de comprender mejor el artilugio. Gracias a esos datos, hoy se sabe mucho más de esta herramienta. Por ejemplo, se detectó un dial dividido en 360 partes iguales, algo que se puede encontrar en la matemática babilónica, ya que usaban el número sesenta como base de cálculo desde el milenio IV a. C. La razón de usar esta base es sencilla: en ocasiones, usar los diez dedos de las manos se queda corto para enumerar, por lo que usaron el pulgar para marcar cada una de las tres falanges de los cuatro dedos restantes, siendo doce en total y, además, con una serie de combinaciones de dedos abiertos o cerrados podían llegar a contar hasta sesenta. Gracias a este método, hoy se dividen tanto el grado angular como la hora en sesenta minutos y el minuto en sesenta segundos. Los babilonios también determinaron que eran doce las constelaciones por las que transcurría el Sol en su trayectoria celeste, llamados signos zodiacales, y en el mecanismo aparecen citadas como ΚΡΙΟΣ (Krios o Aries), ΤΑΥΡΟΣ (Tauros o Taurus), ΔΙΔΥΜΟΙ (Didymoi o Gemini), ΚΑΡΚΙΝΟΣ (Karkinos o Cancer), ΛΕΩΝ (Leon o Leo), ΠΑΡΘΕΝΟΣ (Parthenos o Virgo), ΧΗΛΑΙ (Chelai o Chelae[20]), ΣΚΟΡΠΙΟΣ (Skorpios o Scorpius), ΤΟΞΩΤΗΣ (Toxotes o Sagittarius), ΑΙΓΟΚΕΡΩΣ (Aigokeros o Capricornus), ΥΔΡΟΚΟΟΣ (Hydrokoos o Aquarius) y ΙΧΘΕΙΣ (Ichtheis o Pisces).

En el mecanismo de Anticitera, el número doce también es significativo en otro dial que representa esos doce meses ordinarios de treinta días del calendario egipcio, seguramente tomando ese número como el divisor de sesenta más próximo al período de lunación, que es de 29,5 días. Para completar los cinco días restantes y, de este modo ganar precisión en cada ciclo solar, los

---

[20] Libra todavía no existía, como se verá en el capítulo siguiente. La antigua constelación de Chelae representa las pinzas del escorpión.

egipcios incluyeron un nuevo mes con esos cinco días, llamados epagómenos, utilizados para honrar el nacimiento de cinco de sus dioses más importantes —Osiris, Horus, Seth, Isis y Neftis—, logrando así el año de 365 días que es la base de nuestro calendario. De este modo, el dial de los meses de cada período solar quedaba representado por ΘΟΘ (Thoth), ΦΑΩΦΙ, (Phaophi), ΑΟΤΡ (Athyr, Hathor), ΧΟΙΑΚ (Choiak), ΤΥΒΙ (Tybi), ΜΕΧΕΙΡ (Mecheir), ΦΑΜΕΝΩΘ (Phamenoth), ΦΑΡΜΟΥΘΙ (Pharmouthi), ΠΑΧΩΝ (Pachon), ΠΑΥΝΙ (Payni), ΕΠΙΦΙ (Epiphi), ΜΕΣΟΡΗ (Mesore) y, por último, ΕΠ (Ep[agomene]) o mes de días epagómenos. Sobre esa misma cara de los diales de meses y signos zodiacales, un puntero marcaba la posición del Sol en relación con el día y el signo zodiacal correspondiente. Además, una pequeña esfera rotatoria no solo indicaba la posición de la Luna respecto al fondo de estrellas, sino que también señalaba su fase en ese momento. Toda esta disposición se puede apreciar en la imagen 3.4.

Entre los restos recuperados también llaman la atención dos engranajes, uno de 235 dientes y otro de 223. El primero de ellos, podría representar el ciclo metónico, es decir, los 235 meses lunares necesarios para que las fases de la Luna vuelvan a producirse en las mismas fechas. Por otro lado, el valor de 223 podría hacer referencia al ciclo de Saros, ya que cada 223 lunas se repite el ciclo de eclipses. Esto es así porque transcurridas esas lunaciones, las posiciones relativas del Sol y la Luna con respecto a la Tierra se repiten.

En cuanto a las inscripciones, se han detectado unos quince mil caracteres, de los cuales se han logrado descifrar unos tres mil. Los arqueólogos e historiadores han descubierto que se trata de textos escritos en griego antiguo y en el dialecto corintio. Además, observando la forma de escribir los distintos caracteres, creen que se corresponden con la caligrafía que se

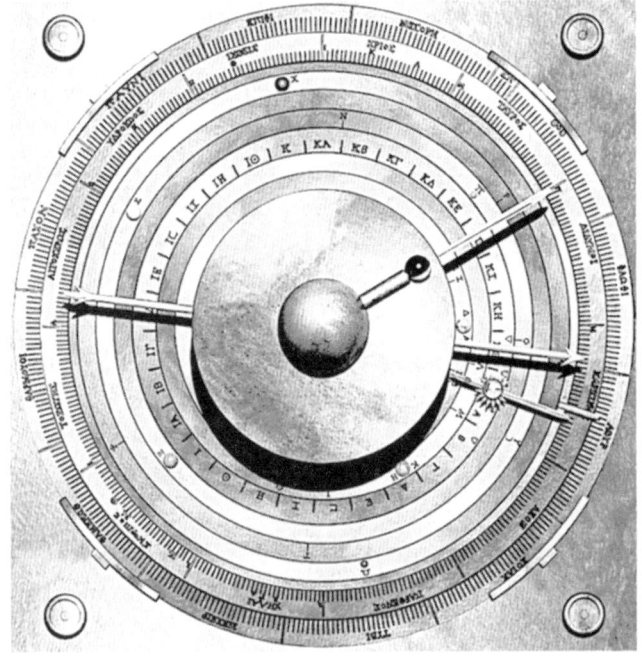

Imagen 3.4. Simulación de la parte frontal del mecanismo de Anticitera que muestra las divisiones de los días, los doce meses más el correspondiente a los días epagómenos, las constelaciones, varias posiciones estelares y la ubicación del Sol, los planetas y la Luna (Créditos: Freeth *et al.*, 2021).

realizaba entre los años 150 a. C. y 100 a. C. Con el análisis de algunas de las inscripciones descifradas, los investigadores han llegado a una conclusión interesante: algunas de ellas, se pueden interpretar como un manual de instrucciones del mecanismo de Anticitera; otras, aparecen en forma de letra marcada en varios puntos de algunos de los diales haciendo referencia a posiciones de estrellas, constelaciones y asterismos a modo de almanaque que representa su salida, puesta o culminación. Algunos de estos ejemplos descifrados de letra y significado son los que se muestran en la tabla 3.1.

LETRA	SIGNIFICADO ENCONTRADO	TRADUCCIÓN
Δ	ΥΔΡΟΧΟΟΣ ΑΡΧΕΤΑΙ ΕΠΙΤΕΛΛΕΙΝΑ	Acuario comienza a subir.
Ρ	ΑΕΤΟΣ ΕΠΙΤΕΛΛΕΙ ΕΣΠΕΡΙΟΣ	Altair se levanta por la noche.
Σ	ΑΡΚΤΟΥΡΟΣ ΔΥΝΕΙ ΕΩΙΟΣ	Arcturus se pone en la mañana.
Λ	ΥΑΔΕΣ ΔΥΝΟΥΣΙΝ ΕΣΠΕΡΙΑΙ	Las Híades se establecen en la noche.
Ν	ΩΡΙΩΝ ΑΝΤΕΛΛΕΙ ΕΩΙΟΣ	Orión precede a la mañana.

Tabla 3.1. Inscripciones detectadas en el mecanismo de Anticitera de posiciones de estrellas, asterismos y constelaciones.

El dial trasero del mecanismo parecía estar compuesto por una serie de círculos concéntricos, aunque apenas había información al respecto. Sin embargo, una palabra ofreció la clave de su funcionamiento: ΕΛΙΚΙ o hélice, a la que le seguía el valor de 235. Los investigadores rápidamente asociaron ese valor con uno de los engranajes ya mencionados, indicando el número de meses del calendario metónico, valor establecido por el astrónomo griego Metón de Atenas en el siglo V a. C. como una forma de sincronizar el calendario lunar con el solar. En los textos descifrados también había mención a otra espiral junto al valor 223, lo que se corresponde con el ciclo de Saros que, como también se vio, había un engranaje con ese número de dientes, indicando el número de lunaciones a partir de las cuales el ciclo de eclipses se repetía en el tiempo. Estas dos espirales, la de los ciclos metónico —de cinco giros— y de Saros —de cuatro— estarían unidas en su parte más externa, dispuestas en vertical y contando cada una de ellas con un puntero de arrastre que marcaba el momento actual de estos dos ciclos.

La espiral situada en la parte superior de esta cara se corresponde con la metónica y en la parte interna había dos pequeños diales. El primero de ellos ejercía la labor de multiplicador para indicar el momento del ciclo calípico, establecido por Calipo de Cícico en el siglo IV a. C., y que se corresponde con cuatro ciclos metónicos, denominados como A, B, Γ y Δ. Con esto se obtiene un total de 76 años y quitando un día cada cuatro años se logra una duración del año de 365,25 días, algo muy similar a lo que se tiene en la actualidad. El otro de los pequeños diales también ha sido descifrado y marca la celebración de los antiguos Juegos Griegos. El dial estaba dividido en cuatro partes denominadas LA, LB, LΓ y LΔ. Cuando el dial llegaba a LA, según las inscripciones, debían celebrarse los Juegos de Istmia y los juegos de Olimpia en verano. Al año siguiente, en LB, se celebrarían los juegos de Nemea y los juegos menores de Dodona. Al tercer año, tendrían lugar nuevamente los juegos de Istmia y los de Delfos. Por último, en el año cuatro o LΔ se celebrarían nuevamente los juegos de Nemea y otros juegos que no han podido ser descifrados. Al año siguiente se volvía a empezar con LA y, por lo tanto, cada cuatro años se celebraban los Juegos de Olimpia o Juegos Olímpicos, esperando a la Luna llena más próxima al solsticio de verano para que comenzasen, deteniendo cualquier guerra que hubiese para poder celebrarlos con normalidad.

Como dato, al período que transcurría entre el final de unos juegos de Olimpia y el inicio de los siguientes, se le denominaba "olimpiada" y esta tradición estuvo vigente durante más de mil años desde el año 776 a. C. Mucho tiempo después, en el siglo XIX y tras varios intentos de retomar estos Juegos Olímpicos, fue el barón francés Pierre de Cubertain quien, en 1896, los volvió a celebrar de nuevo cada cuatro años, siendo itinerantes en cada edición y comenzando, como no podía ser de otra forma, en Grecia; una tradición que se mantiene hoy en día. De hecho, en el momento en el que finalizaron los Juegos Olímpicos de París 2024, comenzó la 34.ª Olimpiada, que finalizará con el inicio de los Juegos Olímpicos de Los Ángeles en 2028.

Con respecto a la espiral de Saros, también había un dial de tres divisiones. Se ha deducido que esto es así porque si un primer eclipse tiene lugar en una ubicación determinada, transcurridas las 223 lunaciones del ciclo de Saros se volverá a producir ese mismo eclipse, aunque desplazado 120º en el espacio con respecto a su primera ubicación. Es decir, sucederá en otro lugar del planeta. Cuando se repitiera, 223 lunaciones después, se produciría un desplazamiento de 240º respecto a los dos eclipses anteriores. Finalmente, el tercer eclipse estaría desplazado 360º, lo que haría que ocurriera en la misma ubicación que el original. A este período de tres ciclos completos de Saros se le denomina ciclo de Exeligmos. Todo este sistema de diales y espirales se muestra en la imagen 3.5.

En la espiral de Saros también aparecería el movimiento del ápside, es decir, la línea que une los apogeos y perigeos de la Luna, es decir, los momentos en los que la Luna está más lejos y más cerca de nuestro planeta, respectivamente. Esa línea va cambiando de posición con el paso del tiempo, muy lentamente, aunque de modo apreciable. El mecanismo de Anticitera era capaz de reproducir ese movimiento y, además de prever un eclipse, también predeciría su duración dependiendo de dónde se situase el marcador con respecto al ápside. Por ejemplo, un eclipse solar con la Luna en la posición de perigeo según el ápside —más próxima a la Tierra— provocaría un eclipse más duradero que si la Luna se situase en la posición de apogeo —más alejada— ya que desde nuestra perspectiva tendría un tamaño menor. En el Saros también se han encontrado inscripciones

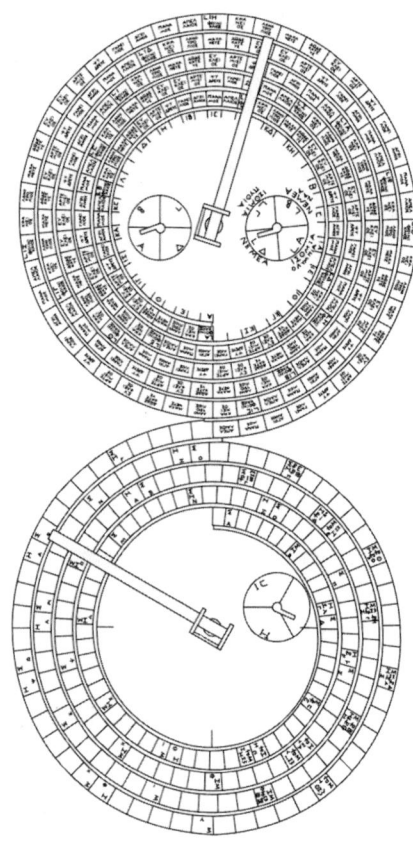

Imagen 3.5. Simulación creada por Tony Freeth y su equipo que muestra las dos espirales traseras del mecanismo de Anticitera y sus diales internos.
(Freeth *et al.*, 2021).

que denotaban el tipo de eclipse. La letra Σ, o "sigma" de Selene, indicaba un eclipse de Luna, mientras que la letra H, o "eta" de Helios, indicaba un eclipse de Sol. También se indicaba el número de orden del eclipse dentro del ciclo precedido por la letra Θ o "theta".

El movimiento del ápside se determinó tras un gran desconcierto iniciado al encontrar cuatro ruedas de cincuenta dientes cada una, ya que no imaginaban para qué podrían ser utilizadas. En una de ellas descubrieron una barra hueca deslizante y un pivote en otra. Eso unido a que no estaban perfectamente alineadas, les hizo comprobar que se correspondía con una corrección del círculo de la órbita lunar para simular la anomalía de la órbita elíptica de nuestro satélite, algo que ya apreció De Solla Price en sus trabajos. Estas ruedas dentadas también eran quienes hacían rotar el ápside lunar en la espiral de Saros, y otro aspecto que pudieron comprobar fue que el eje del Sol no estaba centrado con respecto a los otros engranajes, por lo que, de esta forma, el mecanismo lograba simular las distintas velocidades del Sol en su trayectoria. Hoy se sabe que, en un sistema heliocéntrico, nuestro planeta se desplaza más velozmente cuanto más cerca se encuentra del Sol y de manera más lenta cuanto más alejado está, algo que cuantificó Johannes Kepler en 1609 como ya se vio en el capítulo anterior. El mecanismo de Anticitera, construido más de dieciséis siglos antes, ya lograba simular esos cambios de velocidad aparente de nuestra estrella.

Para representar todos estos movimientos celestes, este artilugio se nutre de miles de años de observación celeste y de anotaciones tomadas noche a noche y día a día, de las posiciones de aquellos objetos que no obedecían al sentido rítmico del fondo de estrellas. Por supuesto, todo ello complementado con la capacidad matemática griega y los grandes conocimientos de ingeniería que demostraron tener. También se mantiene la hipótesis de que este artilugio fuese una evolución de mecanismos anteriores más básicos a los que fueron introduciendo mejoras hasta llegar a construir el que se recuperó del naufragio, como se verá más adelante. Por supuesto, puede que hubiese mecanismos todavía más precisos o con otras funcionalidades, aunque lamentablemente, de haberlos, ninguno de ellos ha sido recuperado. Con todo ello, al hacer girar una manivela de la que solo se ha recuperado el eje, se podía activar el mecanismo e ir viendo las posiciones del Sol, la Luna y sus fases, y predecir eclipses tanto solares como lunares.

Pero, ¿dónde quedan los movimientos de los planetas en todo el mecanismo? Se sabía que, de un modo u otro, los planetas estaban presentes en este artilugio debido a inscripciones encontradas relacionadas con "los errantes", como por ejemplo Ερμῆς o "Hermes", relacionado con Mercurio, y Αφροδιτη o "Afrodita", relacionada con Venus. En los textos descifrados se mencionan sus posiciones estacionarias, así que, si lograron modelar los movimientos de estos dos planetas, que, por otro lado, son los más complejos de calcular, con total seguridad pudieron mecanizar los de Marte, Júpiter y Saturno. En los fragmentos G —principalmente—, 26 y 29, es donde se han encontrado referencias a los cinco planetas visibles. La clave está en la inscripción ΥΞΒ, asociada a Venus, y la inscripción ΥΜΒ, a Saturno, que equivalen a los valores 462 y 442, respectivamente. Esto se sabe gracias a uno de los últimos estudios, llevado a cabo por el investigador británico Tony Freeth[21], del Departamento de Ingeniería Mecánica del University College de Londres (Reino Unido).

¿Qué descubrió Tony Freeth? Se sabe que una relación sinódica aproximada del planeta Venus es la considerada (5, 8). Esto quiere decir que Venus se muestra en la misma posición con respecto al Sol cinco veces en ocho años. A corto plazo es válida, pero al trabajar con largos períodos de tiempo, del orden de siglos, se vuelve inexacta. Los babilonios conocían una relación más precisa —valor que actualmente se toma como válido— que es la de (720, 1.151). Para representar el movimiento de Venus con respecto al Sol, los engranajes con esos números de dientes son inviables. Sin embargo, usando un proceso matemático como el de Parménides, conocido en la Antigua Grecia, se puede llegar a una relación sinódica de (289, 462) que tan solo difiere en un 0,0003 % con respecto a la más precisa cono-

---

[21] *Sci. Rep.*, 11 (2021).

cida. En el caso de Saturno, se puede partir de la relación más exacta (256, 265) y por el método de Parménides se puede llevar a (427, 442). De esta forma, se obtienen esos los valores de 462 y 442, asociados a Venus y Saturno, respectivamente, que aparecen en las inscripciones.

Con respecto a Mercurio, se puede partir de su relación más precisa, que es la de (1.513, 480). Aquí sucede que el valor de 289, en Venus, y el de 1.513, en Mercurio, son múltiplos de 17, lo que permitiría sustituir dos engranajes de gran tamaño por tres más pequeños, compartiendo uno de 17 dientes con otros de 17 para Venus y de 89 para Mercurio, pudiendo de este modo llegar a conseguir los valores de relaciones sinódicas para todos los planetas mediante divisores que están en relación con los engranajes encontrados, excepto uno con 63 dientes que es necesario para la simulación de Freeth, que no ha sido hallado entre los restos del naufragio. Por todo lo demás, su simulación, apoyándose en los datos de De Solla Price y posteriores, Freeth explica a la perfección los movimientos del Sol, la Luna con sus fases y los cinco planetas conocidos en la Antigüedad, que es lo que lograban reproducir las máquinas citadas en los textos clásicos.

El autor del mecanismo de Anticitera sin duda debió tener todos los conocimientos necesarios para construirlo o, al menos, adaptarlo a los nuevos conocimientos partiendo de un modelo antiguo. ¿Se sabe quién pudo ser? Lo cierto es que hay algunos indicios, aunque el hecho de que este artilugio presente al menos dos reparaciones, indica que no estaba recién construido. Además, se tiene la hipótesis de que el artefacto no fue creado desde cero, sino que partió de un mecanismo más básico, quizás comenzando únicamente con posiciones solares y lunares; luego, modificado o incluso construido de nuevo incluyendo las nuevas funcionalidades en base a los nuevos descubrimientos. Sin embargo, ¿qué datos se tienen para averiguar su constructor?

En primer lugar, la fecha más reciente en la que pudo ser construido se fija en la del naufragio que, como ya se ha visto basándose en las monedas recuperadas, se produjo como muy tarde en el año 60 a. C. Otro dato que se ha utilizado es la celebración de los Juegos Olímpicos, evento que viene marcado en unos pequeños diales. Se sabe que comenzaron a celebrarse en el año 776 a. C. y perduraron hasta bien entrada nuestra era. Con estos dos datos, se tiene una horquilla que va desde el 60 a. C. hasta el 776 a. C. Para afinar más este intervalo, los arqueólogos e historiadores analizaron la caligrafía detectada en las piezas recuperadas, como también se ha visto, datándola entre los años 150 a. C. y 100 a. C., por lo que el período de construcción se reduce muchísimo.

Un hecho que puede resultar contradictorio es que en las inscripciones del mecanismo de Anticitera aparecen fragmentos escritos en corintio. Resulta extraño porque indicaría que su construcción debió de realizarse antes del asedio a las colonias corintias por parte de Roma, que estaban situadas en la zona norte de Grecia y en lo que hoy es Sicilia. El asedio finalizó en el año 212 a. C., algo que queda fuera del límite de las dataciones por caligrafía. La explicación más creíble es que un posible artefacto fuese construido en tiempos del uso del corintio y, en sus evoluciones, se hubiesen mantenido los textos originales para respetar el original, cumpliendo así la datación por caligrafía.

¿Qué ocurre cada vez que se habla de tecnología en la época Corintia? Indudablemente, resuena el nombre de Arquímedes de Siracusa. ¿Pudo ser él el fabricante? Desde luego, hay dudas debido a la caligrafía, ya que Arquímedes falleció con el asedio a Siracusa en el año 212 a. C., aunque no se descarta que él pudiese fabricar alguno de los artefactos predecesores. De hecho, hay pruebas que así lo parecen probar, ya que el general romano Marco Claudio Marcelo, en dicho asedio, se llevó como botín dos objetos denominados en los escritos como "esferas celestes", que no eran otra cosa que dos instrumentos astronómicos construidos por el propio Arquímedes. Una de las dos esferas ordenó enviarla al templo romano de Virtus como ofrenda por la victoria; la otra, se la llevó consigo. Además, según narra Marco Tulio Cicerón en su obra *De re publica,* escrita entre los años 55 a. C. y 51 a. C., cuenta cómo en el año 166 a. C., el nieto del general Claudio Marcelo le muestra al militar y astrónomo romano Cayo Sulpicio Galo una herramienta que "con un solo mando, se reproducían los movimientos del Sol, la Luna y los errantes, con sus velocidades propias diferentes y era capaz de reproducir los eclipses".

Estos datos también descartan la autoría de Arquímedes, al menos del mecanismo encontrado frente a las costas de Anticitera, porque esta esfera fue vista en el siglo V d. C. según escritos del filósofo Proclo el Diádoco y, en esta época, el artilugio recuperado ya llevaba más de cuatrocientos años bajo el agua. Otro dato que podría ir en contra de Arquímedes es que no se tiene constancia de que hubiese calculado la anomalía lunar de su órbita elíptica. Lo que sí que creen muchos investigadores del mecanismo es que, la recuperada por el general Claudio Marcelo, pudo ser desmontada y vuelta a montar, copiando el diseño y mejorándolo con los nuevos datos de observaciones celestes y, así, crear una versión más precisa.

Descartando a Arquímedes, la pregunta inicial sigue siendo la misma. ¿Quién podría haber fabricado el mecanismo? Uno de los candidatos es Poseidonios de Apamea, conocido como "el atleta", que vivió entre los años 135 a. C y 51 a. C. Este astrónomo, filósofo e historiador fue embajador en Roma, por lo que pudo tener acceso a la esfera de Arquímedes o a algunas de sus versiones mejoradas —si las hubiera—, pudiendo haber creado su propia versión. Además, dirigió la Escuela de Astronomía de

Hiparco, situada en la isla de Rodas, por lo que era un gran conocedor de los movimientos celestes. Por otro lado, las rutas comerciales de la época de Poseidonios eran coherentes con el naufragio del navío romano. Muchas de las travesías partían de Cos o Pérgamo, en la actual Turquía, haciendo una parada en la isla de Rodas, en Grecia, o, incluso, iniciando el viaje desde este lugar. En cualquier caso, lo que sí se conoce con mucha certidumbre en base a materiales recuperados es que, antes de naufragar, el barco pasó por esta isla griega de Rodas, lugar en el que vivió Poseidonios.

Cicerón de nuevo menciona, en este caso en su obra *Natura Deorum,* escrita en el año 45 a. C., que "construido recientemente por mi amigo Poseidonios, con cada revolución reproduce los movimientos del Sol, la Luna y los cinco errantes", por lo que queda claro que el de Apamea construyó una esfera basada en la de Arquímedes. Sin embargo, ese "recientemente" que cita Cicerón hace pensar que, cuando fue construida, hay posibilidades de que el mecanismo de Anticitera ya estuviese en el fondo del mar. ¿Es posible que Poseidonios se basara en un instrumento anterior? Lo que sí se cree es que esta última esfera que cita Cicerón ya tendría modelada la órbita elíptica de la Luna, ya que el encontrado en Anticitera también la incluía. Entonces, si Arquímedes no conocía esa anomalía en la órbita lunar, ¿quién podría haber construido en la que se basó Poseidonios y que se hundiría con el navío durante la tormenta próxima a Anticitera?

El mejor candidato, sin duda, es Hiparco de Nicea —también conocido como Hiparco de Rodas—, que vivió entre los años 190 a. C. y 120 a. C. Fue un matemático, geógrafo y astrónomo que entre sus aportaciones destaca el haber realizado el primer catálogo de estrellas, clasificándolas en magnitudes desde la primera —las más brillantes— hasta la sexta —las apenas perceptibles por el ojo humano—. También dividió el día en 24 franjas iguales, llamadas "horas" en honor a las diosas del orden de la naturaleza, descubrió la precesión de los equinoccios e inventó la trigonometría. Sin duda, todo un genio. Volviendo a poner la vista sobre el mecanismo de Anticitera, también es importante comentar que Hiparco mejoró el modelo teórico de epiciclos propuesto por Apolonio de Perge años atrás, por lo que sí logró explicar los movimientos celestes y corregir tanto el movimiento solar como el lunar.

Otro punto a favor de Hiparco es que en un momento de su vida se trasladó a Rodas. Desde allí, realizó sus observaciones astronómicas donde quizás pudo tener acceso a una Esfera de Arquímedes u otra recreación posterior. Hiparco pudo realizar las tallas basándose en la caligrafía de la época, manteniendo las correspondientes al dialecto corintio. Además, añadió las correcciones que consideró oportunas, como las de las trayectorias solar y lunar. Una simulación de este mecanismo puede verse en la imagen 3.6. Finalmente, Hiparco murió en Rodas, y allí pudo quedar su mecanismo, que probablemente fue embarcado años más tarde en un navío mercante. El resto podría ser historia... Así que, con poco margen de dudas, Hiparco es la mejor opción como constructor del mecanismo de Anticitera.

* * *

Ya con la primitiva construcción de Göbekli Tepe o con la posterior herramienta del mecanismo de Anticitera, la curiosidad del ser humano le ha llevado a intentar comprender los movimientos celestes porque los asociaban a sus dioses, mitos o leyendas. A su vez, todo este conocimiento les permitió saber fechas clave para la supervivencia —sobre todo para nuestros ancestros más lejanos— como, por ejemplo, cuándo era la mejor época para sembrar un cultivo determinado o cuándo extraer

Imagen 3.6. Recreación del mecanismo de Anticitera tal y como lo concibe
Tony Freeth en sus simulaciones. (Créditos: Freeth *et al.*, 2021)

un tubérculo de la tierra sabiendo a ciencia cierta que ya estaba
en condiciones aptas para ser consumido. La comprensión y pre-
dicción de los movimientos celestes también tuvo utilidad bé-
lica, ya que los eclipses, por ejemplo, eran considerados como
castigos divinos y portadores de malos presagios. Por lo tanto,
el saber cuándo sucedería uno de estos fenómenos astronómicos
ofrecía a las tropas una notable ventaja táctica. Así lo relata en
el s. I d. C. el historiador y biógrafo Plutarco de Queronea en
su obra *Vidas paralelas* donde, en su Volumen III, habla del general romano Aemilius Paullus. Durante el enfrentamiento de
sus tropas contra las del ejército macedonio en el s. II a. C., una
de las noches, en concreto, se estaba produciendo un eclipse
lunar. Sus rivales, desconocedores del fenómeno astronómico,
se vieron aterrorizados al comprobar cómo la Luna iba desapareciendo con el paso de la noche. Por otro lado, Paullus sí que
sabía de estos fenómenos y supo que no era más que un eclipse.
A pesar de que sus tropas estaban agotadas, les pidió un esfuerzo

extra para entrar en batalla. Los macedonios, sugestionados por el eclipse, se vieron sorprendidos y, condicionados por las supersticiones, fueron derrotados. Sin duda es un buen ejemplo de que el conocimiento te da la libertad de decidir desde el pensamiento crítico, aunque, en este caso, fuese con fines bélicos.

Otro aspecto que debe destacarse es que nuestros antepasados eran mucho más inteligentes de lo que nos podemos llegar a imaginar. Lo demuestran con cada hallazgo que se realiza sobre ellos. Construir recintos alineados astronómicamente, con mayor o menor complejidad, o fabricar herramientas tan precisas como el mecanismo de Anticitera no son más que la prueba de que, en muchas ocasiones, habían sido subestimados. Además, al comprender estos ciclos estacionales, no solo les ofrecía conocimiento a nivel agrícola, sino que también establecieron las celebraciones periódicas donde, algunas de ellas, han perdurado hasta nuestros días y que tanto nos hacen disfrutar.

ESTRELLAS

Un lienzo para la mitología

Del capítulo anterior se puede extraer como conclusión que el cielo nocturno siempre ha despertado curiosidad en el ser humano, viéndose obligado a manifestar ese interés mediante construcciones. No cabe duda de que nuestros antepasados echaban mano de los recursos y conocimientos que tenían disponibles en cada época, más evolucionados conforme se ha avanzado en el tiempo: desde las primeras interpretaciones mitológicas hasta los conocimientos más detallados de algunas estructuras que se han analizado con los telescopios espaciales. Sin embargo, mucho antes de que los instrumentos del ser humano comenzasen a salir de nuestro planeta, aquellos puntos brillantes del cielo nocturno que nuestros parientes lejanos veían formaban parte de sus mitos y leyendas. Incluso algunos los utilizaban para predecir el devenir de las personas en base a su día de nacimiento, aunque eso implica abandonar la ciencia y hablar de fe, algo que no es el objetivo de este libro. Esas constelaciones donde representaban aquellas figuras, distintas para cada cultura, formaban una cosmogonía que todavía, algunas de ellas, se toman como referencia para ubicar objetos en el cielo.

Sin embargo, en el cielo se pueden encontrar cuerpos celestes más allá de esas estrellas que forman las constelaciones, pudiendo observar estructuras con una morfología radicalmente distinta. Por un lado, están aquellos que no siguen el movi-

miento de las estrellas fijas. Antiguamente los llamaban "errantes", tal y como se pudo ver en las crónicas de los tiempos clásicos citadas en el capítulo anterior. Estos particulares objetos
estaban en el cielo en una cantidad de cinco, aunque hoy se conocen ocho. Los "clásicos", por llamarlos de alguna manera para
diferenciarlos, son Mercurio, Venus, Marte, Júpiter y Saturno.
Los "modernos" o, lo que es lo mismo, aquellos que no son visibles a simple vista, son Urano[22] y Neptuno y hasta 2006, también Plutón, que fue degradado a la categoría de planeta enano
tal y como se verá en el capítulo 8. Otro cuerpo que no obedece
el movimiento de las estrellas fijas es la Luna, y todas las culturas
la han representado de una u otra forma, sobre todo centrándose
en sus fases y, por supuesto, cuando ocurrían eventos como
eclipses, que sucedían con mucha menos frecuencia si se compara con el período de los 29,5 días de una lunación completa.

Tanto los planetas como la Luna se encuentran dentro de
nuestro sistema solar. Pero al salir de ahí, aparece lo que se conoce como cielo profundo, donde los objetos más grandes que
se pueden observar son las galaxias, aunque en tamaño aparente
sean insignificantes. Merece la pena hacer una pequeña puntualización ya que la estructura más grande que se puede ver en el
cielo a simple vista forma parte de una galaxia, manifestándose
como una banda lechosa que lo cruza de un extremo a otro. En
noches de verano, al alejarse de las luces urbanas y, sobre todo,
en una noche sin Luna, se puede ver ese trazo que surge del nor-
deste y finaliza en el suroeste pasando por el cenit. Esa estructura
la forman los brazos de la Vía Láctea vistos desde la propia Vía
Láctea. Es decir, al ser una galaxia espiral, se pueden ver esos

---

[22] El planeta Urano es visible, en ocasiones, a simple vista, aunque únicamente en
condiciones de máxima oscuridad y en días próximos a su oposición, y limitado
además a aquellos que gocen de una vista excepcional.

brazos desde nuestra perspectiva. Además, si está visible la constelación de Sagittarius también se puede apreciar parte del bulbo que rodea al núcleo de la galaxia.

A simple vista se pueden ver varias galaxias más allá de la Vía Láctea. Desde el hemisferio norte se logra contemplar la gran galaxia de Andrómeda, M31 según el catálogo de Messier, situada en la constelación del mismo nombre a una distancia que siempre ha estado llena de controversia. El dato más fiable fue actualizado en 2012 y se estima en 2,4951 millones de años luz[23]. Desde el hemisferio sur también se pueden observar dos galaxias más a simple vista: la Gran Nube de Magallanes y la Pequeña Nube de Magallanes, denominadas también LMC y SMC por sus siglas en inglés. Sendas galaxias son satélites de nuestra Vía Láctea y se encuentran a 163.000 y 203.700 años luz de distancia, respectivamente. En el caso de usar telescopios convencionales, las galaxias observadas se pueden contar por decenas.

Otro tipo de objetos que se pueden observar son las nebulosas. Una de las más llamativa por verse a simple vista es la Gran Nebulosa de Orión, que resulta ser un criadero de estrellas situado a unos 1.270 años luz de la Tierra. Si se observa a simple vista, se aprecia como una nube algodonosa y relativamente compacta situada bajo las tres estrellas que conforman el cinturón de Orion: Alnitak, Alnilam y Mintaka. Sin embargo, al usar un telescopio, se pueden apreciar algunas de sus estructuras, así como ver su forma de un modo más exacto. Si se captura mediante fotografía, los detalles se multiplican y se pueden ver, además, texturas en la nebulosa. Al ser tan brillante, es sencilla de fotografiar, aunque para apreciar detalles finos se requiere de una buena técnica. En el hemisferio sur hay otra nebulosa que resulta visible a simple vista tan solo en condiciones de extrema oscu-

---

[23] *ApJ*, 745, 156 (2012).

ridad. Se llama Eta Carinae, situada a unos 7.500 años luz en dirección a la constelación de Carina o Quilla[24] y, si se dispone de telescopio, resulta fascinante. Al igual que ocurría con las galaxias, si se cuenta con telescopio, el número de nebulosas que se observa en el cielo es del orden de decenas.

Los cúmulos estelares son otro tipo de objetos que se pueden observar en el cielo y se dividen en dos tipos en base a su morfología: cúmulos abiertos y cúmulos globulares. Este tipo de estructuras, como su propio nombre indica, son agrupaciones de estrellas y algunos de ellos, además, se aprecian a simple vista. La diferencia con la mayoría de las constelaciones es que todos los cúmulos tienen a sus estrellas relacionadas gravitatoriamente.

Con respecto a los cúmulos abiertos, un claro ejemplo es el de las Pléyades en la constelación de Taurus. Aparentemente y, para quien goce de una buena vista, se aprecian siete estrellas en el cielo formando una figura que se puede asemejar a la del Carro, aunque mucho más reducida, y cuyos nombres son Alcyone, Atlas, Electra, Maia, Merope, Taygeta y Pleione, que representan al titán Atlas, a la ninfa marina Pleione y a algunas de las hijas que tuvieron. Este cúmulo tiene un tamaño de unos seis años luz, por lo que son objetos enormes si se comparan con el sistema solar, pero diminutos en relación con el tamaño de la Vía Láctea. Si se observa este cúmulo con telescopio, el número de estrellas se multiplica, ya que se aprecian incluso un centenar de ellas. Tanto en el caso de las Pléyades como en el del resto de cúmulos abiertos, las estrellas que los conforman surgieron a partir de la misma nube y su distribución, por lo general, es asimétrica con

---

[24] La constelación de Carina representa la quilla del barco Argos en el que viajaban Jasón y los argonautas. Antes formaba parte de una constelación mayor llamada Argo Navis, pero la Unión Astronómica Internacional decidió dividirla en cuatro: Vela, la vela; Puppis, la popa; Pyxis, la brújula; y la ya mencionada Carina.

la tendencia de ir separándose a lo largo del tiempo, aunque esta separación es inapreciable en el tiempo de una vida humana. De esto se deduce que los miembros que componen estos cúmulos son estrellas jóvenes.

En el caso de los cúmulos globulares, las estrellas que lo conforman suelen ser envejecidas, incluso en las últimas etapas de su vida, y se distribuyen formando una estructura en forma de esfera. A lo largo del tiempo, las estrellas han ido atrayéndose unas a otras hasta crear este tipo de objetos. Uno de los cúmulos de este tipo que resulta visible a simple vista, para quien goce de buena vista y con cielos extremadamente oscuros, es el que se encuentra en la constelación de Hercules o M13 según el catálogo de Messier. Se encuentra a una distancia de unos 22.200 años luz y es un objeto mucho más grande que el cúmulo de las Pléyades, ya que este cuenta con un radio de 73 años luz. Otro cúmulo globular, este situado en el hemisferio sur, podría ser considerado el rey de este tipo de formaciones. Se trata de Omega Centauri, en la constelación de Centaurus, a una distancia de 15.800 años luz y un tamaño de 97 años luz de radio. Es un cúmulo que, en cielos completamente oscuros, se distingue claramente entre el fondo de estrellas.

De vuelta al sistema solar, hasta ahora se han mencionado cuerpos celestes que siempre se pueden ver tanto a simple vista como con pequeños telescopios. Sin embargo, existen objetos que no siempre están disponibles, como, por ejemplo, los cometas, que como bien han mostrado algunas misiones espaciales recientes son de aspecto rocoso, con hielos en su interior que subliman en mayor medida cuanto más se acercan al Sol, provocando que de ese núcleo surja una cabellera o coma y que, en algunas ocasiones, es posible verlos a simple vista. A priori, todos los cometas pertenecen a nuestro sistema solar, aunque ha habido casos en los que por su trayectoria se ha averiguado que proceden de fuera, es decir, objetos interestelares de aspecto cometario o cuasi-cometario. Un ejemplo es 1I/'Oumuamua, considerado el primer objeto interestelar detectado en nuestro sistema solar[25]. Volviendo a los cometas, los últimos que se catalogaron de espectaculares y que se pudieron ver a simple vista en el cielo, nos visitaron a finales del siglo pasado. Son el C/1996 B2 Hyakutake en 1996 y el C/1995 O1 Hale-Bopp[26] al año siguiente. Sin duda, una de las mejores épocas de observación cometaria, algo que de haber sucedido hace dos milenios, por ejemplo, el miedo se hubiese apoderado de la población ya que históricamente, estos objetos han sido portadores de malos presagios.

Otro fenómeno que se puede apreciar en el cielo son los meteoros o, como se les conoce popularmente, estrellas fugaces. Es algo que a todos maravilla. ¿Quién no se ha quedado boquiabierto cuando mirando un cielo estrellado ha visto un meteoro cruzándolo? La mayor parte de ellos suelen tener un brillo similar al de una estrella, aunque algunos pueden ser auténticos fogonazos celestes. Sea cual sea el brillo del meteoro, siempre está producido por un objeto llamado meteoroide. En el caso de que su luminosidad sea similar a la de una estrella, ese meteoroide puede tener el tamaño de un grano de arroz. Por otro lado, si el brillo es equivalente al del planeta Venus visto desde la Tierra se los conoce por el nombre de bólidos y son producidos por meteoroides del tamaño de, aproximadamente, una naranja. Por

---

[25] *A&A*, 610, L11 (2018).

[26] Los cometas de período conocido se nombran con los caracteres C/ seguidos del año del descubrimiento. A continuación, se incorpora una letra que corresponde con la quincena del año en la que fue descubierto (primera quincena de enero: A, segunda quincena de enero: B, primera quincena de febrero, C...) y el número de cometa descubierto en esa quincena. Por lo tanto, el C/1996 B2 Hyakutake fue el segundo cometa descubierto en la segunda quincena de enero de 1996. Por otro lado, su descubridor fue Yuji Hyakutake.

último, si el brillo compite con el de la Luna llena —que los hay y se llaman bolas de fuego o *fireballs*—, el meteoroide que lo provoca puede tener el tamaño de un balón de baloncesto. Cuando estos fragmentos se ven atraídos por la gravedad de nuestro planeta, se precipitan hacia la Tierra y la atmósfera ejerce de escudo protector. A unos ochenta kilómetros de altura, la fricción atmosférica provocada sobre un meteoroide, que fácilmente puede viajar a una velocidad de unos sesenta kilómetros por segundo con respecto a nuestro planeta, provoca un sobrecalentamiento del fragmento que llega a superar los 3.000 ºC. Estos grandes valores de temperatura provocan que la atmósfera se caliente alrededor del meteoroide provocando una ionización que se manifiesta con una emisión electromagnética de los átomos de la atmósfera. Es decir, cuando el meteoroide entra en la atmósfera y se calienta, la ionización atmosférica se muestra como un cilindro luminoso de unas pocas decenas de metros de diámetro en los meteoros comunes, provocando el efecto visual de estrella fugaz.

Otros fenómenos que se pueden ver en el cielo, esta vez en latitudes polares, son las llamativas y fascinantes auroras polares, que serán boreales si aparecen en el hemisferio norte, o australes si lo hacen en el sur. Estos fenómenos se producen por la interacción de las partículas del viento solar con el campo magnético terrestre, mostrando unas formas muy características de colores verdosos y azulados a alturas de la ionosfera. Sin duda, uno de los fenómenos más espectaculares que el ser humano puede observar en el cielo y que su belleza es comparable a la de un eclipse de Sol.

Saliendo de los fenómenos naturales, en la actualidad existen objetos en el cielo que nuestros antepasados no pudieron ver, aunque en este caso no son precisamente astronómicos. Son, por ejemplo, los aviones y otros objetos voladores que, sobre todo durante la noche, se observa cómo sus luces surcan el cielo y dejan unas estampas que pueden ser bonitas o, por el contrario, pueden ser odiosas porque suelen fastidiar las fotografías celestes si se cruzan en mitad del campo que se está capturando. En esa línea, también se pueden observar satélites artificiales. Además, con las constelaciones que se están lanzando, como por ejemplo las Starlink, es sencillo ver decenas de satélites en el cielo durante un corto espacio de tiempo. Pero de entre todos ellos, destaca por su brillo la Estación Espacial Internacional, cuya luminosidad puede llegar a ser superior a la del planeta Venus visto desde la Tierra; no es la única estación espacial que se puede ver surcar el cielo, ya que desde hace un tiempo también se observa la estación espacial china, llamada Tiangong.

* * *

Para no perder de vista la interpretación mitológica del cosmos es necesario volver a lo más básico del cielo nocturno: estrellas y constelaciones. Hiparco de Nicea, también conocido como Hiparco de Rodas, del que ya se habló en el capítulo anterior en relación con el mecanismo de Anticitera, es una figura relevante en este aspecto por algo que en ese mismo capítulo se mencionó y en lo que ahora se profundizará. Hiparco realizó la primera clasificación estelar de la que se tiene constancia. Ordenó las estrellas en base a su brillo, siendo de primera magnitud aquellas más luminosas como Sirius, Arcturus o Vega. Conforme su brillo disminuía, aumentaba su magnitud hasta la sexta, que eran las que apenas eran perceptibles por el ojo humano. En aquella época, para el ser humano no había más estrellas que las visibles a simple vista ya que instrumentos ópticos como el telescopio no se usaron para el estudio astronómico hasta el año 1609 gracias a Galileo Galilei.

Es destacable mencionar que el sistema ideado por Hiparco se sigue utilizando hoy en día, aunque con una mayor precisión en las magnitudes. Esta regla la normalizó el astrónomo británico Norman Pogson en 1856, proponiendo que el brillo de una estrella de primera magnitud del catálogo de Hiparco debía ser cien veces más brillante que una de magnitud sexta. Para ello, se tomó como referencia la estrella Vega, a la que se le asignó una magnitud de 0,00. Pogson estableció a partir de precisas observaciones que cinco diferencias de magnitud corresponderían a una diferencia de brillo de 100 veces basándose en una escala logarítmica, ya que con esta escala se ajusta muy bien a como la vista percibe realmente las intensidades luminosas. De este modo, la diferencia de brillo entre una magnitud y su contigua se calcularía como la raíz quinta de 100, es decir, 2,51. Esto quiere decir que una estrella de magnitud 3,00 es 2,51 veces más brillante que una de magnitud 4,00 y 2,51 veces menos brillante que una de magnitud 2,00.

Con este método ya se puede conocer el brillo específico de una estrella y en algunos casos puede ser negativo, ya que Vega no es la estrella más brillante del cielo. También se puede calcular objetivamente el brillo del Sol, la Luna o los planetas. Algunos ejemplos son la estrella Sirius, la más brillante del cielo nocturno, que tiene una magnitud de -1,33 o la estrella polar o Polaris, cuyo valor medio de brillo por tratarse de una estrella variable es de +1,97. Por otro lado, las magnitudes del Sol y de la Luna tienen un valor medio de -26,80 y de -12,60, respectivamente.

A pesar de que Hiparco hizo una gran labor para poder clasificar las estrellas según su brillo, cometía un error ya que, para él, esos puntitos luminosos del cielo no eran más que objetos brillantes incrustados en una bóveda celestial. Esta creencia se mantuvo así hasta finales del siglo XVI, aproximadamente. Una de las personas que intentó desbancar esta creencia fue Giordano Bruno, afirmando de una forma totalmente subjetiva que esos puntos del cielo eran soles y que podrían tener planetas a su alrededor. En el capítulo 8 del libro se volverá a hablar de esta figura. Quien empezó a hacer hincapié en la idea de estrella tal y como se conoce hoy, fue el ya mencionado Galileo Galilei a principios del siglo XVII y, después, Kepler y Newton mediante sus leyes de movimiento planetario y de atracción gravitatoria, respectivamente. Hicieron que el mundo empezase a dudar de aquella esfera celestial fija, además de aportar datos que hacían abandonar la idea de que la Tierra era el centro del universo, situando al Sol en su lugar. Lo que no sabían era lo lejísimos que estaban esos puntitos, aunque Giordano Bruno los situó tremendamente lejos, mucho más que nadie en aquella época, ya que para que aquellos puntos fuesen soles debían estar mucho más lejos de lo que se extraía del tratado que aportaba conocimiento al respecto, que seguía siendo el *Almagesto* de Claudio Ptolomeo escrito en el s. II d. C.

* * *

Antes se ha dicho que nuestros antepasados representaban sus mitos y leyendas a través de las constelaciones en el cielo. Todavía hoy, muchas de ellas mantienen aquellos nombres asignados hace milenios. Existen algunos ejemplos y uno de los que más personajes incorpora es el mito del matrimonio entre Casiopea y Cefeo.

Casiopea era una reina etíope procedente de las Agerónidas, donde Agerón, según algunas fuentes, era hijo de la heroína Libia y el dios Poseidón, por lo tanto, era descendiente del mismísimo dios griego de los mares. Destacaba por su belleza, pero también por su soberbia, algo que le pasó factura. Cefeo, su marido, rey de Jope, era hijo de Aquínoe —náyade o ninfa del dios fluvial Nilo— y de Belo —rey de Egipto—. Casiopea y Cefeo tuvieron una hija a la que llamaron Andrómeda, y la madre, dejándose llevar por su soberbia, le hizo decir que tanto ella como su hija eran más bellas que las Nereidas, las cincuenta bellas ninfas hijas de Nereo. Estas, ante tal afirmación, fueron a quejarse a Poseidón y el dios no se lo pensó dos veces: agitó tanto los mares que inundó varias ciudades. Para que el dios dejase de provocar tales crecidas de agua, la solución pasaba por sacrificar a Andrómeda encadenándola a un acantilado para que el monstruo marino, Cetus, la devorase. A Cefeo, que no estaba de acuerdo con el plan de Poseidón, no le quedó otra opción que ceder ante la presión del pueblo para, finalmente, encadenar a su hija.

Para buena suerte de la familia, un tal Perseo observó a Andrómeda encadenada en el acantilado mientras volaba por la zona gracias a sus sandalias aladas. Se enamoró perdidamente de ella y se ofreció a rescatarla a cambio de pedir la mano de la muchacha, algo a lo que accedieron tanto Casiopea como Cefeo. Al héroe alado se le ocurrió que para derrotar a Cetus debía encontrar a Medusa, un monstruo ctónico que tenía serpientes en lugar de cabello, con la particularidad de que quien la mirase a los ojos quedaría convertido en piedra de inmediato. Incluso si la gorgona moría, sus ojos todavía serían capaces de crear esculturas pétreas. Perseo echó mano de su ingenio y usó su escudo para ver el reflejo de Medusa y no mirar a sus ojos. De esta forma, lanzó un ataque con su espada y logró rebanarle la cabeza. Metiendo la testa de la gorgona en un zurrón, de inmediato voló hacia el monstruo marino y cuando emergió de las aguas, le mostró la cabeza de Medusa convirtiendo a Cetus de manera instantánea en una escultura de piedra, hundiéndose en el mar. Con Andrómeda alejada del peligro, Perseo la desencadenó, aunque no era capaz de llevarla volando con sus sandalias voladoras. Para lograr reunirla con sus padres, el héroe llamó al caballo alado Pegaso, subiendo Andrómeda a sus lomos. Finalmente, Andrómeda se reunió con Casiopea y Cefeo y, tal y como habían pactado, Perseo pidió la mano de la bella desencadenada y la historia terminó en boda.

¿Cómo se pueden encontrar todas estas constelaciones en el cielo? La de Cassiopeia es muy sencilla de reconocer debido a su aspecto de "W" que forman sus cinco estrellas más brillantes. En el cielo se encuentra muy cerca de la estrella polar, simétricamente opuesta a las siete estrellas que conforman el asterismo del Carro de Ursa Maior. Por otro lado, la constelación de Cepheus tiene forma de casa, es decir, un cuadrado con un triángulo encima, aunque es menos brillante que la que representa a su mujer. Para localizarla, se encuentra muy cerca de las constelaciones de Ursa Minor y Cassiopeia. Con respecto a la constelación de Andromeda, se identifica con tres estrellas alineadas claramente visibles justo bajo la "W" que identifica a su madre. Al lado de Cassiopeia también se encuentra la constelación de Perseus donde resulta interesante su estrella variable Algol, una binaria eclipsante[27] que representa la cabeza de Medusa. Tal variación de brillo se puede apreciar incluso a simple vista, pasando de una magnitud de +2,3 a una de +3,5 cada 2,83 días. Cerca de esa zona se encuentra el caballo alado, que se identifica en el cielo con la constelación Pegasus, cuya forma principal es un cuadrado donde dos de sus lados están alineados prácticamente con el eje norte-sur y sus otros dos lados con el este-oeste. Uno de los vértices,

---

[27] Una estrella binaria eclipsante es un sistema estelar doble cuyos elementos giran alrededor de un centro de masas común. El plano orbital de las estrellas está orientado de tal manera que desde nuestra perspectiva se eclipsan mutuamente de forma periódica, provocando variaciones en el brillo observado.

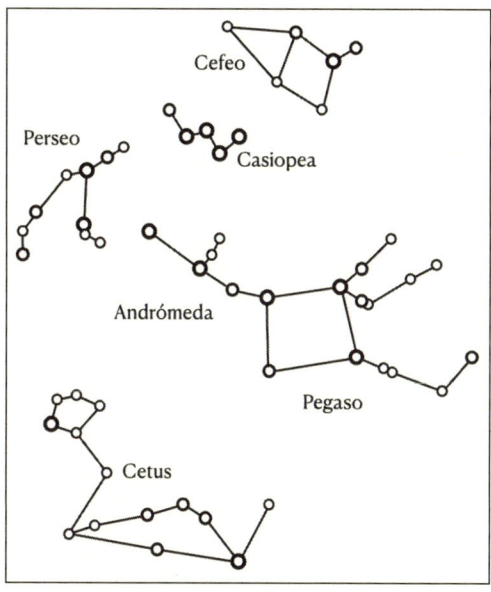

marcado por la estrella Alpheratz[28], es compartido con la constelación de Andromeda. De los otros vértices parten estrellas que representan la cabeza y las patas delanteras del equino alado.

El conjunto de estrellas más difícil de encontrar entre las mencionadas es el del monstruo marino, presente en la constelación de Cetus. Esto se debe a que sus componentes son poco brillantes y están dispuestos de una manera que no resulta tan fácil de identificar como ocurre con otras constelaciones. Se encuentra bajo Andromeda, con la cabeza apuntando hacia Perseus. Toda esta historia mitológica se refleja en el firmamento, tal como se muestra en la imagen 4.1.

Otra historia mitológica interesante del cielo nocturno es la que relaciona a la constelación del Boyero o Bootes con el asterismo del Carro en Ursa Maior. En el caso del Boyero o el cui-

---

[28] Alpheratz también recibe los nombres de α Andromedae y δ Pegasi.

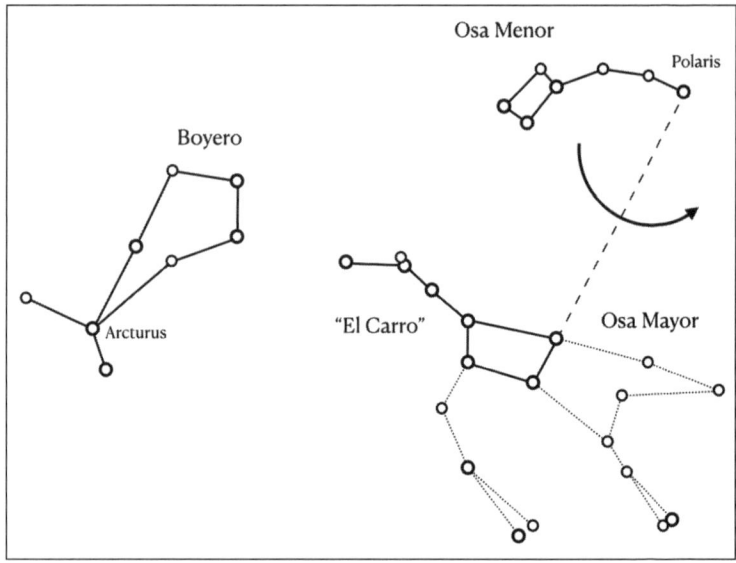

Imagen 4.2. Disposición en el cielo de la constelación de Bootes
y el asterismo del Carro de la Osa Mayor. (Créditos: A. Pérez-Verde
en base a datos de Stellarium)

dador de los bueyes, existen varias versiones, aunque la más conocida es la que se desarrollará aquí. El nombre de este pastor
era Arcturus, que deriva del griego antiguo, donde arct hace referencia a "cuidador" o "pastor" y urus, a "uro", un bóvido más
grande que un toro y que se puede identificar con un buey. Mi-
tológicamente, Arcturus cuidaba de siete bueyes que hoy se
identifican con las siete estrellas que conforman el Carro. Estos
siete animales estaban atados a la estrella polar o Polaris de tal
modo que daban vueltas alrededor de este punto, haciendo girar
el cielo. Estos siete o septen, eran animales de tiro o triones y,
como se ha dicho, hacían girar el cielo alrededor del norte; es
por eso por lo que la palabra septentrión o siete triones hace referencia al punto cardinal norte.

En el cielo, el Carro es fácilmente visible hacia el norte, cerca de Polaris. Las siete estrellas que lo componen forman parte de la constelación de gran tamaño Ursa Maior, o la Osa Mayor. Si se prolonga la curva del Carro, se llega a Arcturus, la estrella anaranjada en Bootes cuya forma recuerda a la de una cometa. Además, el pastor está acompañado por sus dos perros de caza, Chiara y Asterión, que se localizan en la constelación de Canes Venatici, situada entre Bootes y Ursa Maior.

Otra leyenda que aparece en el cielo está relacionada con las constelaciones de Scorpius y Libra. Antiguamente, las estrellas de estas dos constelaciones pertenecían al Escorpión. Sin embargo, hay distintas fuentes que hablan de distintos eventos que provocaron su separación en tiempos de la Antigua Roma. Independientemente del motivo o motivos, a Scorpius le cortaron las pinzas para formar la constelación de la balanza como símbolo de justicia, tal y como se muestra en la imagen 4.3. Sin embargo,

Imagen 4.3. Antigua constelación de Scorpius y su redistribución actual representando al Escorpión y la Balanza. (Créditos: A. Pérez-Verde en base a datos de *Stellarium*)

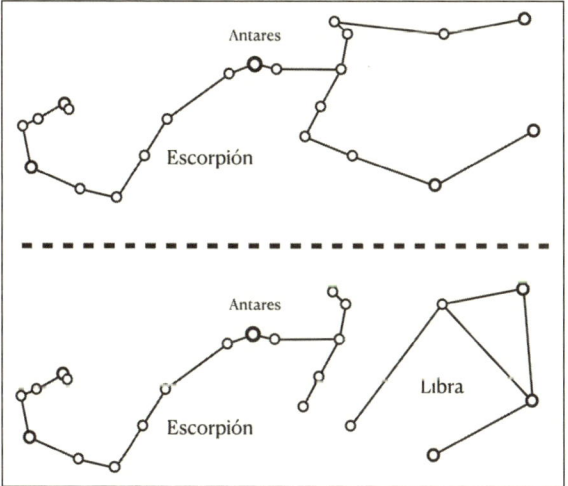

no debió de ser un cambio inmediato, ya que en el mecanismo de Anticitera se pueden ver los nombres de las doce constelaciones zodiacales: ΣΚΟΡΠΙΟΣ (Skorpios) y ΧΗΛΑΙ (Chelai) que hace referencia las "Garras del Escorpión". Teniendo en cuenta el origen del mecanismo, que pudo estar realizado por Hiparco basándose en un modelo anterior de Arquímedes, se podría decir que, en tiempos del genio de Siracusa, las pinzas de Scorpius ya se conocían, pero no Libra, que vendría después. Además, en la actual constelación de la balanza existen tres estrellas muy particulares que guardan relación con sus orígenes. Sus tres estrellas más brillantes, α, β y γ Librae, tienen los nombres de Zubenelgenubi, Zubeneschamali y Zubenelakrab que significan, respectivamente, "pinza del sur", "pinza del norte" y "pinzas del escorpión". Esto quiere decir que, aunque las estrellas cambiasen de constelación, decidieron mantener su nombre original.

* * *

Hasta ahora se ha visto cómo algunas de las constelaciones del cielo sirvieron a nuestros antepasados para representar algunos de sus mitos y leyendas. También se han visto otros objetos que se pueden ver en el cielo. Ahora les llega el turno a las estrellas, concretamente a su clasificación, ya que cuando la ciencia se impuso a la mitología y el pensamiento crítico comenzó a ser usado, los científicos se vieron en la necesidad de agruparlas según ciertos criterios, iniciando así una nueva etapa en el campo de la astrofísica.

La historia de la clasificación estelar moderna comienza con el espectroscopista estelar italiano Angelo Secchi. Durante las décadas de 1860 y 1870, creó las clases de Secchi para ordenar las estrellas de acuerdo a su espectro y se agrupaban desde la clase I hasta la clase V según se puede ver en la tabla 4.1.

CLASE	DESCRIPCIÓN DE LAS ESTRELLAS
I	Blancas y azules que presentan líneas anchas en la frecuencia del hidrógeno. También el subtipo Orión, que son similares a las anteriores, pero con el ancho de la banda más estrecho.
II	Amarillas con menos presencia de la banda de hidrógeno, aunque con líneas correspondientes a metales. Este sería el grupo al que pertenece el Sol.
III	Claro componente rojizo o anaranjado a simple vista, lo cual se corresponde con estrellas envejecidas.
IV	De carbono, tipo descubierto en 1868. Se trata de estrellas rojas con ciertos matices de marrón donde la banda del carbono es evidente.
V	Clase añadida en 1877 con estrellas en las últimas etapas de su vida.

Tabla 4.1. Tipos de estrellas según la clasificación de Secchi y su descripción.

Poco después de que Secchi añadiese la clase V, el astrónomo estadounidense Edward Pickering, en 1880, realizó un estudio desde el Observatorio de la Universidad de Harvard (Estados Unidos) para analizar los espectros estelares, publicando los resultados en 1890. Sobre ellos trabajó la astrónoma Williamina Fleming, miembro del grupo conocido como las Calculadoras de Harvard[29]. Clasificó la mayoría de los espectros del

[29] Las Calculadoras de Harvard fue un equipo de mujeres dirigido por Edward Pickering que estaba compuesto, entre otras, por Florence Cushman, Williamina Fleming, Henrietta Leavitt, Antonia Maury, Anna Winlock y Annie Jump Cannon, que pasó a dirigir el grupo tras el fallecimiento de Pickering en 1919. De algunas de estas brillantes mujeres se hablará en este capítulo y en los siguientes.

catálogo publicado por Pickering, en total, más de 10.000 estrellas entre las que descubrió 10 novas y más de 200 estrellas variables. Gracias a Fleming se pudo plasmar la primera versión del Catálogo de Henry Draper o catálogo HD y así reemplazar el esquema planteado años atrás por Secchi, aunque es cierto que esta nueva clasificación se basó en la del astrónomo italiano. Es decir, las clases de la I a la V fueron subdivididas por letras de la A a la P, añadiendo la letra Q para estrellas que no se podían ubicar en cualquiera de las otras clases.

Grupos	Descripción de las estrellas
I-V	Tipo Orión ordenadas con respecto a la intensidad que mostraban sus líneas de absorción de hidrógeno.
VI	Actúan de intermediarias entre el tipo Orión y la clase I de Secchi.
VII-XI	Clase I de Secchi, avanzando en los grupos conforme decrecía la línea de absorción de hidrógeno.
XII-XVI	Clase II de Secchi avanzando conforme decrecían las líneas de absorción de hidrógeno y aumentaba la intensidad de las líneas correspondientes a metales.
XVII-XX	Clase III de Secchi avanzando conforme aumentaban las líneas espectrales correspondientes a metales.
XXI y XXII	Clase IV de Secchi y del tipo Wolf-Rayet, respectivamente.

Tabla 4.2. Grupos definidos por Antonia Maury y descripción de las estrellas que componen cada grupo.

Fleming y Pickering trabajaron en una clasificación basada en la intensidad de las líneas espectrales tomando la del hidrógeno como base, siendo la clase A la que presentaba unas líneas más intensas y conforme se iba reduciendo, se avanzaba en letras según el alfabeto. Este sistema fue modificado en 1897 por Antonia Maury, otra de las mujeres pertenecientes al grupo de las Calculadoras de Harvard. Lo primero que hizo fue reubicar el subtipo Orión de la clase I de Secchi por delante de todas las clases, siendo la primera persona en hacer ese cambio que, por otro lado, sigue siendo válido hoy en día. Además, volvió a utilizar los números romanos para clasificar las estrellas, aunque esta vez utilizó grupos que iban desde el I hasta el XXII. Esta nueva clasificación se explica en la tabla 4.2.

Maury incluyó una particularidad a cada tipo añadiendo letras minúsculas que indicaban la apariencia de las líneas espectrales. Se usaron las letras "a", "b" y "c" y equivalían a un ancho promedio en las líneas, línea difusa y línea muy estrecha, respectivamente.

Pasados cuatro años, en 1901, Annie Jump Cannon —miembro también de las Calculadoras de Harvard— ideó una nueva clasificación estelar y volvió a utilizar las letras para representar las estrellas tal y como hicieron Pickering y Fleming, aunque esta vez solo se utilizaron, en este orden, las letras O, B, A, F, G, K, M, N, P y Q, donde el significado de cada una de ellas se describe en la tabla 4.3.

Tipo	Descripción de las estrellas
O	Azules, calientes y masivas.
B	Presentan un color entre el azul y el blanco con una temperatura más fría que el tipo O.
A	Emiten en la región blanca del espectro. Su temperatura es más fría que el tipo B, pero todavía más calientes que el Sol.

F	Presentan un color entre blanco y amarillo con una temperatura ligeramente mayor a la del Sol.
G	Pertenecen a la secuencia principal que presentan un color amarillo. Es el grupo al que pertenece el Sol.
K	Color naranja cuya temperatura es más fría que la del Sol.
M	Color rojo, más frías que el tipo K. Son las más abundantes del universo.
N	Enanas marrones, frías y con características intermedias entre las estrellas y los planetas.
P	Están en el interior de nebulosas planetarias.
Q	No encajan en ninguno de los tipos anteriores.

Tabla 4.3. Tipos estelares definidos por Annie Jump Cannon y la descripción de las estrellas que componen cada grupo.

Para ganar precisión en la clasificación y competir con el detallado sistema de Maury, Cannon decidió añadir un número del 0 al 9 detrás de la letra, indicando a qué distancia se encontraba del siguiente. Por ejemplo, al imaginar una distancia de 10 unidades entre el grupo B y el grupo A, una estrella del tipo B3 estará a tres unidades de distancia del inicio de la clase B y distará siete de la clase A. Por otro lado, una B9 estaría a punto de convertirse en una estrella de clase A debido a que tan solo le falta un paso para llegar a este. Además, después de este valor numérico se añadió un nuevo valor, dependiendo del tipo de estrella que se tratase, tal y como muestra la tabla 4.4.

Con respecto al Sol, ya se ha mencionado que es de tipo G, pero según el sistema de Cannon para afinar más su localización, se corresponde con un tipo G2V. Es decir, le dista mucho todavía para pasar a la fase de tipo K y la V indica que se encuentra en la secuencia principal del diagrama de Hertz-prung-Russell[30].

Valor	Tipo de estrellas
I	Supergigantes.
II	Gigantes luminosas.
III	Gigantes.
IV	Subgigantes.
V	Pertenecientes a la secuencia principal.
VI	Enanas blancas.

Tabla 4.4. Tipos de estrellas según el valor que estableció Annie Jump Cannon.

* * *

Antes del siglo XX, la comunidad científica asumía que los astros estaban compuestos de los mismos materiales que nuestro planeta, tales como oxígeno, carbono, silicio y otros metales. De hecho, esta hipótesis estaba respaldada por los datos espectroscópicos que se estaban obteniendo a finales del siglo XIX y principios del XX. Todo cambió cuando entró en escena la astrónoma británica Cecilia Payne-Gaposchkin afirmando, en la primera mitad del siglo XX, que las estrellas no eran más que inmensas bolas de hidrógeno y helio. Para ello se basó, precisamente, en los espectros estelares. Así lo manifestó en su tesis doctoral, publicada en 1925, sugiriendo que la cantidad de hidrógeno en el

---

[30] También conocido como diagrama H-R, es un gráfico que muestra la relación entre la luminosidad de las estrellas y las características que presentan los espectros.

interior de las estrellas era muchísimo mayor de lo que se pensaba anteriormente.

Merece la pena pararse un poquito en la vida de Payne ya que es realmente interesante. Nació en la localidad de Wendower (Reino Unido) el 10 de mayo de 1900. Durante su primera etapa académica destacó de tal manera que obtuvo una beca para estudiar en el cantabrigense Newnham College, que se podría definir como la Universidad de Cambridge para mujeres por estar asociado a esa institución. Siempre quiso estudiar botánica, física y química, pero en cuanto tuvo los primeros contactos con la astronomía, lo dejo todo para iniciarse en el mundo del cosmos y aunque llegó a titularse en esta disciplina, la discriminación que sufrían las mujeres en aquella época hizo que no le pudiesen expedir tal titulación.

Payne aprovechó una iniciativa orientada a mujeres que había lanzado Harlow Shapley para formarlas y que pudiesen trabajar en astronomía. Así, en 1923 obtuvo una beca para irse a Estados Unidos a investigar al Harvard College Observatory, siendo la segunda estudiante de aquel programa tras Adelaide Ames, que tiene el honor de ser la primera mujer que obtuvo un doctorado en la Universidad de Harvard. La tesis doctoral de Payne se titulaba *Atmósferas estelares: una contribución al estudio observacional de las altas temperaturas en las capas inversoras de las estrellas*[31] y fue calificada por los astrónomos Otto Struve y Velta Zeberg como "la mejor tesis de astronomía de la historia", aunque eso fue *a posteriori* porque, como ya se ha mencionado, la mayor parte de los astrónomos rechazaron las ideas de Payne. Uno de ellos fue Henry Norris Russell, que siguió afir-

---

[31] El título original es *Stellar Atmospheres: a contribution to the observational study of high temperature in the reversing layers of the stars* y se puede encontrar en *Nat*, 116, 530-532 (1925).

mando que las estrellas estaban compuestas de materiales similares a los de la Tierra, conclusión equivocada como ya se estaba demostrando. Los estudios de Payne, rompedores en aquella época, apuntaban a que el hidrógeno y, en menor medida el helio, eran los componentes fundamentales no solo de las estrellas sino también del universo en general. Más tarde, a la luz de los descubrimientos que se fueron sucediendo por parte de otros científicos, el propio Russell se retractó y terminó defendiendo los resultados de Payne.

Cecilia Payne estuvo trabajando como astrónoma y, sin embargo, desde 1927 hasta 1938 no fue considerada como tal, contando con un salario que era extremadamente bajo. A partir de 1938 fue cuando su puesto laboral fue consolidado al de astrónoma, con su consecuente aumento de salario. Hay que destacar también que, en 1956, se convirtió en la primera profesora asociada de Harvard y, más tarde, fue la primera directora de un departamento en esa Universidad. Payne abandonó la enseñanza en 1966, aunque no hizo lo mismo con la investigación ya que se trasladó al Smithsonian Astrophysical Observatory donde siguió haciendo ciencia. A lo largo de su vida recibió varios reconocimientos, escribió varios libros e incluso tiene un asteroide en el cielo, llamado (2039) Payne-Gaposchkin. Murió el 7 de diciembre de 1979 a la edad de 79 años y su gran legado fue que, gracias a ella, lo que afirmaba se fue demostrando en lo que hoy es la base de las teorías de evolución estelar que se vieron en el capítulo 2.

DISTANCIAS

Viajando por el espacio y el tiempo

En la parte final del capítulo anterior se mencionaba al grupo de mujeres denominado las Calculadoras de Harvard. Con frecuencia, al hablar de la historia de la astrofísica en contextos de divulgación científica, se suele hacer mención a ellas. Este grupo de mujeres contribuyó enormemente al avance de la astronomía de finales del siglo XIX y principios del XX. Las más conocidas son Willamina Fleming, Antonia Maury, Mary Anna Palmer Draper, Annie Jump Cannon y Henrietta Swan Leavitt.

El grupo de mujeres era reconocido por realizar los análisis de las placas fotográficas obtenidas en el Observatorio de Harvard y por clasificar los objetos que allí aparecían. Algunos de los miembros de este grupo están representados en la imagen 5.1. Fueron contratadas por Edward Pickering tan pronto como asumió la dirección del Observatorio en 1877, y él las dirigió hasta su muerte en 1919. A partir de ese año, el equipo estuvo bajo la dirección de Annie Jump Cannon, quien, años más tarde, en 1925, se convertiría en la primera mujer en recibir un doctorado honorario en la Universidad de Oxford (Estados Unidos).

Gracias a los datos que analizó este grupo de mujeres llegaron a realizar importantes descubrimientos. Uno de los resul-

Imagen 5.1. Fotografía encontrada en un álbum que perteneció a Annie Jump Cannon. Muestra parcialmente al grupo conocido como las Calculadoras de Harvard junto a Edward Pickering en el Observatorio del Harvard College. La imagen fue tomada el 13 de mayo de 1913. Fila superior, de izquierda a derecha: Margaret Harwood, Mollie O'Reilly, Edward C. Pickering, Edith Gill, Annie Jump Cannon, Evelyn Leland (detrás de Cannon), Florence Cushman, Marion Whyte (detrás de Cushman) y Grace Arroyos; fila inferior, de izquierda a derecha: Arville Walker, Johanna Mackie (posiblemente), Alta Carpenter, Mabel Gill e Ida Woods. (Créditos: Harvard-Smithsonian Center for Astrophysics)

tados que publicaron, aunque firmado por Pickering, fue el primer catálogo de Henry Draper en 1890[32]. Se trataba de una colección con más de 10.000 estrellas clasificadas de acuerdo con su espectro. Este listado fue ampliándose con el tiempo, siendo la última de las actualizaciones en 1949, llegando a albergar un total de 359.083 estrellas. A nivel individual, algunas de estas

---

[32] *AnHar.*, 27. Bibcode: 1890AnHar..27....1P (1890).

mujeres destacaron enormemente y son consideradas grandes figuras de la astronomía.

Tras esta breve introducción a las Calculadoras de Harvard, quiero centrarme en una de ellas, Henrietta Swan Leavitt, que fue reconocida por trabajar en el campo de las estrellas variables y por sus análisis orientados a calcular las distancias a las estrellas con una enorme precisión, algo que resultó clave para que Edwin Hubble formulase su ley, hoy conocida como Ley de Hubble-Lemaître, tal y como se vio en el primer capítulo del libro.

Comenzando por el principio, Henrietta Swan Leavitt nació en 1868 en el seno de una familia acomodada de Massachussets (Estados Unidos). En 1886, cuando terminó sus estudios básicos, cursó dos años en el Oberlin College. Después, en 1888, ingresó en el Harvard University's Society for the Collegiate Instruction of Women —más tarde conocido como Radcliffe College—, institución que acogía a mujeres, ya que en aquella época la Universidad de Harvard propiamente dicha no las admitía todavía. Allí estudió varias disciplinas, como Griego Clásico, Arte, Geometría o Cálculo, entre otras. En su cuarto año cursó astronomía, obteniendo la máxima nota y, aunque finalizó sus estudios, era política de la época que no recibiese el título. Tras finalizar este período académico, en 1892 pasó a formar parte de las ya mencionadas Calculadoras de Harvard en calidad de voluntaria, donde estuvo nueve largos años trabajando sin un salario asignado. Después, fue contratada a tiempo completo, aunque en aquella época el salario era ridículo debido a su condición de mujer. Esa baja remuneración fue lo que dio la posibilidad a Pickering de contratar a varias mujeres por el precio del salario de un hombre, haciéndose así con la mano de obra que necesitaba para sacar adelante todos los datos que se obtenían en el Observatorio de Harvard.

Más tarde volveré con Henrietta Swan Leavitt, pero antes quiero recordar algo: en los capítulos anteriores se ha podido constatar que el ser humano es curioso por naturaleza. No solo le gusta saber el porqué de las cosas, sino también a qué distancia se encuentran. Seguro que en algún momento cualquiera de nosotros ha visto un avión pasar por el cielo y se ha preguntado "¿a qué distancia está volando?". O también, el típico "¿cuánto queda?", que se escuchaba varias veces dentro de un coche en los largos viajes. Lo has vivido, ¿verdad? Con el universo ocurre lo mismo. Desde que la humanidad supo que las estrellas no estaban pegadas en una esfera, con la Tierra situada en el centro de esta, comenzó a plantearse a qué distancia estaban los objetos que se podían ver en el cielo.

Hoy en día no se ha llegado a saber con precisión todas las distancias a los objetos conocidos, aunque, de los que se observan a simple vista sí que están bastante afinadas. Por otro lado, el desconocimiento de los objetos es mucho mayor conforme aumenta la distancia con respecto a nuestro pequeño planeta. Sin embargo, en el estudio del cosmos resulta fundamental conocer la distancia a cualquier objeto de estudio o, al menos, conocerla con la mayor precisión posible ya que eso ayuda a comprender la escala del universo y su estructura.

Directamente de lo anterior se puede extraer una pequeña conclusión: si no se conoce la distancia con cierta exactitud, no se sabrá cuál es el tamaño real de un objeto en cuestión, sobre todo de cuerpos no estelares, es decir, aquellos objetos que al telescopio no se muestran como un punto, ya sean galaxias, cúmulos, nebulosas... Dicho de otro modo, conociendo las distancias que nos separan de esos objetos, se podrá determinar con una mayor precisión qué tamaño tienen. Por ejemplo, conocer con precisión la distancia que nos separa de la nebulosa de Orión, permite comprender la dinámica de las grandes nubes de gas y polvo en las que se están formando nuevas estrellas. En cifras, este objeto está situado a 1.350,29 años luz con un margen de error de 22,18 años luz[33]. Es decir, se encuentra en una horquilla de distancias que abarca desde los 1.328,11 años luz hasta los 1.372,47 años luz.

Otra conclusión que se puede extraer indirectamente es que, sin conocer el tamaño o la distancia a esos objetos, resultará más complicado comprender cómo es la distribución de la materia en esas regiones y, por lo tanto, las fuerzas o energías que entran en juego en esos objetos y que de manera directa determinan su evolución.

También se puede extraer un dato interesante: el brillo real de los objetos. ¿Quién no se ha preguntado alguna vez cuánto brilla realmente una estrella? El valor de la magnitud absoluta ofrece ese dato, ya que estima cómo de luminosa se vería si se encontrase a una distancia fija de 10 pársecs o, lo que es lo mismo, 32,62 años luz. Por ejemplo, el Sol, que parece muy brillante, tiene una magnitud absoluta de 4,83. ¿Cómo de brillante es? Una estrella fácilmente identificable en el hemisferio norte es η Ursae Minoris, también conocida como Anwar al Farkadain, la estrella menos brillante que conforma el "carro" de Ursa Minor, la Osa Menor. Brilla con una magnitud de 4,95 y el Sol tendría aproximadamente ese brillo si estuviese situado a esos 10 pársecs. Pero como la estrella de la Osa Menor está unas tres veces más alejada de esa distancia base, quiere decir que su magnitud absoluta es mucho mayor que la del Sol. En el caso de Deneb, la estrella más brillante de la constelación Cygnus, tiene una magnitud absoluta de -8,73, es decir, si esa estrella estuviese situada a 10 pársecs, brillaría casi tanto como la Luna llena. Entonces, conocer las distancias a otras estrellas permite saber su

---

[33] *A&A*, 474, 515-520 (2007).

brillo real y este parámetro es fundamental para calcular datos como su masa, su temperatura o su edad.

A nivel cosmológico, conocer la distancia a objetos extremadamente lejanos también es un ejercicio importante para conocer la estructura del universo. La ventaja es que, hoy, se dispone de potentes telescopios y se pueden analizar este tipo de objetos con relativa profundidad, pero no hay que olvidar que son muchos más los objetos que pasan desapercibidos ante nuestros instrumentos en comparación con los que se pueden detectar. Los objetos que sí se pueden observar y que a pesar de ello están extremadamente alejados, como son las galaxias y los cuásares, resultan fundamentales en el campo de la cosmología ya que permiten estudiar el origen y la evolución más temprana del universo. Gracias a ello, los cosmólogos pueden calcular parámetros tan complejos de determinar como la tasa de expansión del universo, afinando cada vez más la constante de Hubble, factor clave en la ley de Hubble-Lemaître.

Volviendo a las proximidades de nuestro planeta, ¿qué sería de la planificación de las misiones espaciales sin conocer las distancias a los objetos para poder enviarlas hasta ellos? Saber esas distancias permite conocer, caracterizar y simular la mecánica celeste relacionada con esos objetos de interés, ya sean planetas, satélites, cometas o asteroides.

Vista esta pequeña introducción sobre la importancia de conocer las distancias que nos separan, a continuación, será necesario saber qué unidades se utilizan para medirlas, así como algunos de los métodos que se utilizaron para calcularlas.

* * *

Si lo que se desea averiguar son las distancias hasta algunos de los objetos que pueblan nuestro sistema solar, se deben dejar atrás las unidades convencionales, como pueden ser los metros o los kilómetros, aunque hay algunas excepciones. También se deben omitir los años luz ya que esta unidad es muchísimo mayor que el tamaño del sistema solar. En cifras, si se tiene en cuenta la distancia media del Sol a Neptuno —el planeta más externo de nuestro sistema solar—, esta es de unos 4.500 millones de kilómetros. Para completar un año luz se tendría que prolongar esa distancia 2.100 veces. Dicho de otro modo: si la distancia media del Sol a Neptuno fuese de 1 milímetro, un año luz equivaldría a 2,1 metros.

Una de las excepciones donde el kilómetro sigue siendo referencia para medir distancias en el sistema solar es el caso de la Luna. Poniendo cifras, la trayectoria elíptica con la que rodea a nuestro planeta la lleva a acercarse hasta los 362.600 kilómetros aproximadamente en el momento del perigeo y a alejarse unos 405.400 kilómetros en el apogeo. Otro caso en el que el kilómetro es la unidad utilizada es cuando se habla de la distancia mínima de un sobrevuelo a nuestro planeta por parte de un asteroide, donde los centenares de miles de kilómetros suele ser la unidad utilizada, aunque también se suele utilizar el factor distancia Tierra-Luna. Por eso, es fácil encontrar a veces datos del tipo "el asteroide 1979 XB se acercará a la Tierra una distancia equivalente al doble de la distancia a la Luna". La última excepción destacable donde se usa el kilómetro es cuando se habla de cometas. Por ejemplo, en el siguiente titular: "El cometa 12P/Pons-Brooks se acercó a la Tierra a una distancia de unos 232 millones de kilómetros".

Vistos estos tres ejemplos de excepciones, es el caso de los cometas el que puede que marque el límite entre usar los kilómetros o emplear una nueva unidad que se suele utilizar para medir distancias en el entorno del sistema solar: la unidad astronómica, que se puede denotar como UA o, también, por sus siglas en inglés, AU. Una unidad astronómica se define como la distancia media entre la Tierra y el Sol, que es aproximadamente 149,6 millones de kilómetros. Por lo tanto, en el ejemplo anterior se podría decir que el cometa 12P/Pons-Brooks se acercó a nuestro planeta una distancia de 1,55 UA.

Se puede apreciar cómo las distancias de los planetas del sistema solar al Sol son mucho más fáciles de recordar si se expresan en unidades astronómicas que si se muestran en kilómetros, sobre todo en el caso de los planetas exteriores, es decir, Júpiter, Saturno, Urano y Neptuno. En la tabla 5.1 se muestra dicha distancia, expresando la magnitud del semieje mayor de la órbita:

Planeta	UA	Km
Mercurio	0,39	57.910.000
Venus	0,72	108.210.000
Tierra	1,00	149.598.023
Marte	1,52	228.939.366
Júpiter	3,93	778.479.000
Saturno	9,58	1.433.530.000
Urano	19,19	2.870.972.000
Neptuno	30,06	4.496.165.000

Tabla 5.1. Planetas y sus distancias en unidades astronómicas y en kilómetros.

Como se puede ver, es más fácil recordar un valor en unidades astronómicas que en kilómetros cuando se habla distancias en el entorno de los planetas del sistema solar. Esto hace que esta unidad sea útil para expresar ese tipo de magnitudes. ¿Desde cuándo se viene utilizando esta unidad de medida? Hay que remontarse al siglo XVI, concretamente a la figura de Nicolás Copérnico y a su obra *De Revolutionibus Orbium Coelestium*, publicada en 1543, todavía más de trescientos años antes del nacimiento de Henrietta Swan Leavitt. En su obra, Copérnico muestra los cálculos que realizó sobre las distancias relativas entre el Sol y los planetas conocidos en aquel entonces, tomando como base la distancia entre la Tierra y el Sol.

Como ya se vio en el capítulo 2, Copérnico propuso un sistema heliocéntrico que defendió matemáticamente. Planteó el uso de esta unidad de medida cuando el Sol, la Tierra y el planeta del que se quería medir la separación estaban formando un ángulo recto. Aprovechaba esa posición para estimar la distancia algo que, por otro lado, obtuvo con una extraordinaria precisión, siendo este uno de los argumentos que utilizó para mostrar que los planetas giraban alrededor del Sol y no de la Tierra. Dando algunas cifras, Copérnico calculó que Mercurio estaba separado del Sol una distancia de 0,38 veces la distancia Tierra-Sol, mientras que hoy se sabe que la distancia correcta es 0,39 unidades astronómicas. Hizo lo propio con Saturno, donde estimó que la distancia del planeta al Sol era de 9,17 veces la distancia Tierra-Sol, mientras que la distancia correcta hoy en día, es de 9,58 unidades astronómicas. Para los medios que tenía —el telescopio todavía no había sido inventado—, la precisión es asombrosa.

Tras Copérnico le llegó el turno a Johannes Kepler, el cual utilizó las observaciones de quien fue su maestro, Tycho Brahe, como ya se dijo en el capítulo 2. No fue fácil obtener los datos, pero tras mucho insistir, Brahe cedió las notas de sus observaciones a su pupilo. Con esos análisis, entre 1609 y 1619, además de comenzar a establecer las tres leyes que llevan su nombre y que describen el movimiento planetario, también calculó la distancia entre cada planeta y el Sol. Con respecto a Mercurio, obtuvo un valor de su distancia al Sol de 0,387 veces la distancia de la Tierra al Sol, mejorando así el dato calculado por Copérnico y acercándose más a la realidad; con respecto a Saturno, llegó al valor de 9,510, aumentando también —esta vez, notablemente— la precisión con respecto a su predecesor.

Con el tiempo, la precisión para estimar el valor de la unidad astronómica fue aumentando. Destaca sobre todo el método propuesto por el matemático escocés James Gregory y por el astrónomo británico Edmund Halley. Se basaron en las mediciones obtenidas durante los tránsitos de Venus de 1761 y 1769, observando con detalle cómo nuestro planeta vecino pasaba por delante del disco solar. Halley, además de analizar los datos proporcionados por Gregory, obtuvo los suyos propios desplegando una red de observadores alrededor del mundo para tomar los máximos datos posibles. Tras analizarlos, obtuvieron los valores más precisos de la distancia Tierra-Sol, al menos hasta el siglo XX. Ahora se utilizan láseres para calcular el valor de la unidad astronómica y el más preciso del que se dispone actualmente equivale a 149.597.870,700 kilómetros, fijado en 1976 por la Unión Astronómica Internacional y calculándola sin depender de la ubicación de nuestro planeta, sino a partir de parámetros como la masa del Sol, la duración de la órbita terrestre o la constante de gravitación universal.

* * *

Al alejarse del sistema solar la unidad astronómica deja de tener sentido ya que se requiere de una magnitud que permita medir distancias muchísimo más largas. De ahí surge el año luz, donde un año luz es la distancia que recorre la luz en un año. Pero antes de entrar en ese valor, es necesario adentrarse en cómo surgió

esta unidad. Hay que remontarse a 1838, cuando tan solo faltaban treinta años para que naciera Henrietta Swan Leavitt. Por
aquel entonces, el matemático y astrónomo alemán Friedrich
Bessel midió la distancia a la estrella 61 Cygni. Utilizó la técnica
de la paralaje, es decir, midió la posición de esa estrella con respecto a otro conjunto de ellas en un día determinado. Seis meses
más tarde, volvió a medir la posición de 61 Cygni y la comparó
con la del conjunto de estrellas. Como tomó los datos con seis
meses de diferencia, la Tierra se encontraba en dos puntos de la
órbita distintos diametralmente opuestos, es decir, separados
entre sí unos 300.000 kilómetros. Bessel midió la variación de
distancia de 61 Cygni con respecto al grupo de estrellas de referencia y, tras hacer los cálculos, obtuvo una paralaje de 0,314 segundos de arco, estimando que se encontraba a una distancia de
unas 660.000 unidades astronómicas.

Por aquel entonces, la velocidad de la luz ya estaba muy
bien aproximada al valor oficial de hoy en día y Bessel hizo el
comentario de que la luz tardaría 10,3 años en recorrer esa distancia, aunque lo que pretendía era crear en sus lectores la sensación de lejanía hacia un objeto al compararlo con la velocidad
de la luz. La reflexión era que la luz de esa estrella tardaba más
de 10 años en llegar a nosotros. Sin embargo, Bessel no vio necesario el uso del año luz más allá de aquel dato ya que, según él,
restaría precisión a las medidas que había realizado. Una aclara-
ción sobre el método de la paralaje es que la variación relativa
de la posición de la estrella con respecto a las estrellas de referencia es menor para estrellas más alejadas. Por lo tanto, el método es más eficaz cuanto más cercana esté la estrella a analizar.
Se estima que cuando se supera el umbral de los 1.000 años luz
de distancia, este método deja de aportar datos precisos, por lo
que con este método tan solo se pueden analizar unas pocas estrellas cercanas a nosotros.

En 1851 sucedió algo que merece ser destacado. El escritor y divulgador alemán Otto Ule publicó un artículo sobre el año luz titulado *Was wir in den Sternen lesen,* es decir, "Lo que leemos en las estrellas", haciendo hincapié en lo extraño de una unidad de distancia que incluía en su nombre una unidad de tiempo como es el año. La controversia no quedó ahí, sino que posteriormente, astrónomos de la talla de Arthur Eddington también la calificaron como inconveniente; hoy en día, en contra de esas recomendaciones, es una unidad ampliamente utilizada. Poniendo cifras, sabiendo que la luz viaja a una velocidad de 299.792,458 km/s y que un año tiene 31.536.000 segundos, es sencillo calcular que en un año la luz recorre una distancia de 9.460.730.472.581 kilómetros, es decir, prácticamente nueve billones y medio de kilómetros.

* * *

En la actualidad, uno de los métodos más fiables para medir la distancia a cúmulos estelares o a galaxias, es a través de las conocidas como estrellas variables cefeidas. Es decir, si dentro de un cúmulo o galaxia se puede identificar una variable cefeida, se podrá medir la distancia a ese cúmulo o a esa galaxia. Para comprender este tipo de astros hay que remontarse a 1784, cuando el astrónomo inglés Edward Pigott detectó que la estrella Eta Aquilae presentaba una variabilidad medible, pasando de una magnitud 3,49 a una 4,30 en 7,18 días. Poco más tarde, el astrónomo aficionado inglés John Goodricke, descubrió que la estrella Delta Cephei también presentaba una variabilidad medible, pasando de la magnitud 3,50 a la 4,40 en 5,37 días. A pesar de que Eta Aquilae fue la primera estrella en la que se apreció esa variación de brillo tan particular, fue Delta Cephei quien dio nombre a este tipo de estrellas variables: las cefeidas. A finales del siglo XIX se habían descubierto un gran número de estrellas con un patrón de brillo similar, es decir, una rápida subida de brillo, un breve pico y una caída de brillo más sostenida. Aquí es donde se retoma la historia de la estadounidense Henrietta Swan Leavitt, cuando en 1903 ingresó oficialmente en el Observatorio de Harvard bajo la supervisión de Edward Pickering. Fue allí donde realizó su contribución más relevante para calcular distancias a lejanos objetos. Estuvo analizando estrellas variables y, en 1908, fue cuando la curiosidad de Swan Leavitt le llevó a detectar una interesante relación entre el tiempo de variabilidad de la estrella cefeida y la luminosidad intrínseca, algo a lo que llegó tras analizar miles de estrellas en las Nubes de Magallanes, dos de las galaxias satélite de la Vía Láctea[34]. Publicó sus resultados en 1912 aunque, como solía pasar en aquella época, las mujeres no podían firmar artículos científicos, sino que lo hacían los supervisores que, en este caso, era Edward Pickering. Sin embargo, el artículo comienza de la siguiente manera:

> La siguiente exposición sobre los períodos de 25 estrellas variables en la Pequeña Nube de Magallanes ha sido preparada por la señorita Leavitt. El catálogo de 1777 estrellas variables en las dos Nubes de Magallanes se encuentra en H.A. 60, No. 4. La medición y discusión de estos objetos presenta problemas de dificultad inusual...

Lo que Swan Leavitt observó en su investigación es que al conocer el período de variabilidad y relacionarlo con la luminosidad intrínseca, midiendo la intensidad de la luz que llega de la estrella se podría inferir la distancia a la que se encuentra. Esto

---

[34] Generalmente al hablar de galaxias satélite de la Vía Láctea, tan solo se mencionan la Gran Nube de Magallanes (LMC) y la Pequeña Nube de Magallanes (SMC), aunque, realmente, nuestra galaxia tiene más de 60 satélites.

es posible porque el patrón de brillo de este tipo de estrellas se conocía con precisión. A esa relación entre la pulsación y el brillo hoy se le conoce como Ley de Leavitt. Pero, ¿cómo llegó a ello? Tras analizar los datos de varias estrellas variables cefeidas concluyó que cuanto mayor era su brillo intrínseco, mayor era el período de variabilidad. Por lo tanto, ese tiempo de pulsación resultaba clave para conocer la distancia. Entonces, conociendo la luminosidad absoluta de un astro y comparándola con la cantidad de luz recibida en la Tierra se puede calcular la distancia hasta ese astro en base a la atenuación de su brillo. Una consecuencia directa de esto es que analizando una estrella variable cefeida que se encuentre en un cúmulo estelar o en una galaxia, midiendo su pulsación se puede saber el brillo total de la estrella, y sabiendo la luz que se recibe, se puede calcular la distancia a ese cúmulo o a esa galaxia. Inexplicablemente, tras hacer este gran descubrimiento, Pickering la retiró de esa línea de investigación después de haber clasificado 2.400 estrellas variables, que son más de la mitad de las que se conocen actualmente.

Bajo las órdenes de Pickering, Swan Leavitt no promocionó en el Observatorio de Harvard y mantuvo aquel puesto junto al ridículo salario que percibía. Como ya se ha mencionado en este capítulo, desde 1892 hasta 1901 estuvo trabajando como voluntaria; después, fue contratada percibiendo un sueldo irrisorio. Así estuvo hasta 1921, momento en el que la dirección del centro la asumió Harlow Shapley. Una de sus primeras decisiones fue nombrar a Swan Leavitt jefa del Departamento de Fotometría Estelar del Observatorio de Harvard, junto a un considerable aumento de sueldo. Lamentablemente, a finales de aquel mismo año Henrietta Swan Leavitt murió a causa de un cáncer abdominal que venía padeciendo tiempo atrás.

Varios científicos de renombre, entre ellos Edwin Hubble, tenían tal admiración por Swan Leavitt que la propusieron como merecedora del premio Nobel de Física. De hecho, el matemático Gösta Mittag-Leffler, miembro de la Academia Sueca de Ciencias, la nominó para lograrlo en 1924 a título póstumo. Sin embargo, debido a que este galardón debe entregarse en vida la propuesta fue desestimada. El propio Shapley se encargó de informar a la familia de Swan Leavitt de aquella nominación fallida, volviendo a poner en valor el trabajo de la astrónoma estadounidense. En cierto modo, nadie mejor que él para dar esa agridulce noticia del intento de nominación para el Premio Nobel de Física, ya que Shapley, casi con total seguridad, fue la persona que más confió en ella.

En 1924, gracias al trabajo de Swan Leavitt, Edwin Hubble realizó un descubrimiento que cambió el concepto del universo al calcular la distancia de algunas estrellas variables cefeidas situadas en la galaxia de Andrómeda[35]. El sorprendente resultado apuntaba a que, ante tal lejanía, aquellas estrellas variables cefeidas estaban fuera de la Vía Láctea. De esta forma, Hubble resolvió uno de los grandes debates de la época que no era otro que saber si la Vía Láctea era la única galaxia del universo o, simplemente, era una más de las muchas que podría haber en él. Con ese dato, se expandía el concepto de universo, evidenciando que estaba formado por varios "universos isla" o galaxias.

Como dato, la palabra galaxia se establece en la Grecia Clásica. Para ellos, esa banda lechosa que surcaba el cielo de extremo a extremo era un gran río de leche formado por el líquido derramado por la diosa Hera para alimentar al entonces pequeño Hércules. Aquel surco era la vía lechosa o Vía Láctea que, al estar "hecha de leche", recibía también el nombre de *galacto,* que posteriormente derivaría en galaxia.

---

[35] En aquella época, era conocida como la nebulosa de Andrómeda ya que el concepto de galaxia solo se aplicaba a la Vía Láctea.

* * *

De lo que no se ha hablado todavía es del porqué del comportamiento de las variables cefeidas. Se tienen algunas evidencias y varios indicios en cuanto a los procesos que provocan las variaciones de luz relacionadas con la luminosidad de este tipo de estrellas. Sin embargo, todavía no se tiene del todo claro por qué funcionan de esa manera. De lo que sí están seguros los científicos es de que las estrellas variables cefeidas están en una fase muy avanzada de su vida. Es por eso por lo que las pulsaciones propias de este tipo de astros no suceden a lo largo de toda su existencia, sino que ocurren tan solo al final. Parece ser que las variaciones de brillo en este tipo de estrellas, cuya masa estaría comprendida entre las tres y las quince masas solares, vienen acompañadas por una variación tanto en el tamaño del cuerpo como en la temperatura superficial. Esto quiere decir que, en esa pulsación, cuando la estrella se dilata aumenta su brillo, decrementándolo cuando se contrae. Además, estos períodos tienen una duración del orden de días y ese proceso de vaivén se prolonga, según parece ser, a lo largo de un tiempo del orden del millón de años en base a las estimaciones de los científicos.

Volviendo al funcionamiento de las cefeidas, la clave de todo este mecanismo de variación en el brillo parece estar en el helio. Cuando entran en esta fase de inestabilidad, sus capas más externas sufren procesos de cambios de presión. Cuando ocurre una compresión, el helio se ioniza doblemente volviéndose prácticamente opaco, por lo que la radiación no puede escapar y se reduce el brillo emitido por la estrella. Sin embargo, mientras que el helio apantalla la energía radiativa, la presión aumenta y llega un punto en el que la estrella se hincha. Debido a que la distancia entre los átomos de helio aumenta, la radiación logra escapar, haciendo que el brillo de la estrella aumente. De nuevo, cuando la presión se estabiliza la estrella inicia un proceso de colapso y, al comprimirse, el ciclo vuelve a repetirse. Con respecto a la relación entre el período de la estrella variable cefeida y su luminosidad intrínseca, está en que si la estrella es más grande tiene más superficie y su brillo es mayor; por otro lado, a mayor tamaño, mayor tiempo en volver a un estado límite de compresión. Entonces, las estrellas grandes, que son las más brillantes, son las que tienen períodos de pulsación más largos. Debido a la fiabilidad de la relación entre período de pulsación y luminosidad intrínseca de una estrella variable cefeida, a este tipo de cuerpos se los conoce como "candelas estándar" ya que permiten estimar con precisión la distancia a ellas.

* * *

Las estrellas variables cefeidas no son las únicas candelas estándar que existen. También se conocen algunas supernovas, de las que ya se habló en el capítulo 2. Aunque en este caso no todas sirven, sino que se circunscriben tan solo al tipo Ia. Este tipo tan particular de estallido estelar recibe la catalogación de candela estándar porque se conoce su brillo intrínseco con precisión y, del mismo modo, se puede obtener la distancia a la que se encuentra. Entonces, si una de estas supernovas sucede en una galaxia o en un cúmulo estelar se puede conocer con precisión la distancia hasta ese objeto. Realmente, por pura estadística, es más sencillo ver este tipo de estallidos en otras galaxias ya que, de media, tan solo cada cien años estalla una supernova en la Vía Láctea y el hecho de que sea de tipo Ia, es más extraño todavía. Así que cuantas más galaxias se observen, más posibilidades habrá de contemplar este tipo de estallidos.

Para que se produzca una explosión de supernova tipo Ia se deben tener dos elementos: una estrella enana blanca y una estrella compañera[36]. En el caso de las estrellas enanas blancas, es decir, estrellas que ya se encuentran en el último estadio de su vida, en su proceso de colapso deben haber llegado a generar elementos como el carbono y oxígeno hasta el punto de que estos sean mayoritarios en su composición. También debe darse el caso de que el enorme campo gravitatorio que genera esta enana blanca logre atrapar materiales de la estrella que tiene por compañera. Bajo estos condicionantes, la estrella enana blanca va aumentando paulatinamente de masa hasta llegar a la masa umbral marcada por el límite de Chandrasekhar, establecido en 1,44 veces la masa del Sol. Cuando llega ese momento, la enana blanca colapsa sobre sí misma hasta el punto de crear un sistema inestable que estalla en forma de supernova. Se trata de una explosión muy particular, debido a que van llegando poco a poco a ese límite de masa. De este modo, todos estos estallidos son muy similares y el brillo intrínseco que desprenden es muy parecido dentro de unos márgenes muy estrechos. Aunque es cierto que el rango de distancias que ofrecen los cálculos es más limitado que en el caso de las estrellas variables cefeidas.

* * *

Siempre se ha dicho que mirar al cielo es viajar en el tiempo, ya que la luz no se transmite instantáneamente, sino que tiene una velocidad y que, además, es conocida con gran precisión. Hagamos un ejercicio mental que consiste en mirar a un objeto celeste, consultar a qué distancia se encuentra y de esta forma calcular en qué fecha salió la luz de ahí. Pero démosle otro punto

---

[36] *Sci.*, 315:5813, 825-828 (2007).

de vista más sorprendente si cabe. Si nos estuviesen observando desde allí, ¿qué época de la Tierra estarían percibiendo en este preciso instante[37]?

Por ejemplo, el planeta más grande de nuestro sistema solar, Júpiter, de media está separado de nosotros unos 33,25 minutos luz. Si la sonda de la misión Juno estuviera apuntando hacia la Tierra y pudiera observarte, no te vería leyendo estas líneas sino lo que estuvieses haciendo hace 33,25 minutos.

El viaje nos lleva más allá, concretamente a la estrella más cercana al Sol, llamada llama Proxima Centauri, que pertenece al sistema estelar de Alfa Centauri. Está situada a 4,22 años luz, o lo que es lo mismo, 4 años, 2 meses y 20 días. Si alguien tuviera un telescopio tan potente como para mirar a la Tierra en estos momentos y observarte, te estaría viendo tal y como eras hace 4,22 años. Ahora que estás leyendo esto, ¿recuerdas lo que estabas haciendo hace 4 años, 2 meses y 20 días?

Al apuntar en dirección a la constelación de Cygnus, destaca su estrella más brillante, Deneb, que está separada una distancia de 2.615 años luz. Si nos estuviesen observando desde allí no nos verían en 2025, año de edición de este libro, sino en el año 590 a. C., por lo que podrían ver a Tales de Mileto, una persona relevante para la historia de la ciencia por haber realizado grandes trabajos en los campos de las matemáticas, la astronomía o la filosofía.

Si aumentamos la distancia, en la constelación de Hercules, al fijarse en un lado del asterismo con forma del cuadrado que marca el centro de ese conjunto de estrellas, se halla uno de los cúmulos globulares más brillantes del cielo, conocido como

---

[37] Este hecho rompería, entre otras cosas, el principio de causalidad de la teoría de la Relatividad y no tendría sentido a nivel de la física. Sin embargo, como experimento mental para hacerse una idea de la distancia, sí que es válido.

M13 o el Gran Cúmulo de Hércules, algo que en noches oscuras se puede intuir incluso a simple vista. Este objeto se encuentra situado a unos 22.200 años luz de distancia. Si alguien estuviese observando la Tierra desde allí ahora mismo, estaría viendo nuestro planeta en el año 20.200 a. C., aproximadamente, observando cómo nuestros antepasados realizaban pinturas rupestres en cuevas.

Seguimos con el viaje y el objetivo es una de las galaxias satélite de la Vía Láctea: la Gran Nube de Magallanes o LMC por sus siglas en inglés, que ya se ha mencionado en este mismo capítulo; tiene un tamaño aparente en el cielo tan grande que su equivalente sería aproximadamente un cuadrado de veinte lunas llenas de lado. Esta galaxia satélite se aprecia tan grande no debido precisamente a su tamaño, ya que la Vía Láctea es muchísimo más grande, sino por su cercanía: se encuentra a 163.000 años luz de nosotros en dirección a las constelaciones de Dorado y Mensa. Eso es "aquí al lado" en términos cósmicos. Si alguien con un potentísimo telescopio mirase a la Tierra, todavía no vería ejemplares de la especie *Homo sapiens,* sino que vería a una especie predecesora, el *Homo erectus,* quien logró dominar el fuego.

Vayámonos ahora al objeto más lejano que el ser humano puede ver a simple vista, la galaxia de Andrómeda, cuyo tamaño se estima que es aproximado al que tiene la Vía Láctea y no solo eso, sino que su aspecto podría ser bien parecido, ya que ambas son consideradas galaxias espirales[38]. A simple vista se puede apreciar como una pequeña mancha algodonosa muy tenue, pero su tamaño aparente es enorme: se aproxima a un rectángulo

---

[38] Técnicamente, la Vía Láctea es considerada una galaxia espiral barrada debido a una "barra" de materia que atravesaría el núcleo y de los extremos de esta formación partirían los brazos espirales.

de siete lunas llenas en su lado mayor y dos lunas llenas en su lado menor. La galaxia de Andrómeda se encuentra en la constelación del mismo nombre y se encuentra a una distancia de nosotros estimada de unos 2,5 millones de años luz. Por lo tanto, ¿qué verían desde allí si nos observasen en este preciso instante? No verían al *Homo erectus,* sino que verían a uno mucho anterior en la línea evolutiva como es el *Australopithecus africanus.*

Como última parada de este viaje, existe una galaxia denominada NGC 5566 y se encuentra enmarcada en la constelación de Virgo. Su brillo es tan débil visto desde la Tierra que haría falta un telescopio de tamaño medio para intuir su presencia. Esta galaxia está situada a unos 66 millones de años luz. Si alguien estuviese en este momento observando nuestro planeta, podría ver la última época de los dinosaurios ya que se extinguieron hace aproximadamente 66 millones de años por el impacto de un meteorito en las inmediaciones de lo que hoy es Chicxulub, en la península de Yucatán (México). ¿Te imaginas? Sería asombroso poder mirar por un gran telescopio y ver aquellas grandes especies sin saber lo que se les venía encima, literalmente.

LUNA

La conquista de Apolo y Artemisa

Según la mitología griega, al último hijo del titán[39] Cronos y la titánide Rea lo llamaron Zeus, dios del cielo y el trueno. Siguiendo con esa mitología, existía una profecía que afirmaba que uno de los hijos que Cronos tendría con Rea, lo derrocaría. Por eso, el titán tenía por costumbre devorar a sus hijos para evitar que se cumpliera tal vaticinio. Francisco de Goya inmortalizó al dios equivalente romano de Cronos realizando este acto en su obra Saturno devorando a su hijo, que se muestra en la imagen 6.1.

Por otro lado, Rea logró que Zeus no fuese devorado llevándolo a la isla de Creta y escondiéndolo de los ojos de su padre. Cuando Zeus creció, ideó una forma de liberar a sus hermanos ya que todavía permanecían vivos dentro del cuerpo de su padre. Par ello, Cronos bebió de una poción sin saber sus verdaderas consecuencias ya que momentos después expulsó de su cuerpo al resto de sus hijos: Hestia, Deméter, Hera, Hades y Poseidón. Al ser liberados, los hermanos se enfrentaron a su padre en la Titanomaquia, la guerra liderada por el propio Zeus donde los dioses del Olimpo lograron derrotar a los titanes y encerrarlos en el Tártaro, la región más profunda del inframundo. Con esta victoria, Zeus se convirtió en el rey de todos

---

[39] Los titanes y las titánides son los hijos de Urano y Gea, y son considerados deidades primordiales cuya existencia es previa a la de los dioses olímpicos.

Imagen 6.1. *Saturno devorando a su hijo*, por Francisco de Goya, obra elaborada entre 1820 y 1823.

los dioses y repartió el universo entre sus hermanos: Hestia, diosa del hogar y la armonía familiar; Deméter, diosa de la agricultura; Hera, diosa del matrimonio y la familia; Hades, dios del inframundo; Poseidón, dios del mar; y Zeus, dios del cielo y el trueno como ya se dijo al principio del capítulo. En palabras de Homero, Zeus llegó a ser "el principal y el más grande de los dioses".

Además de su poder, la mitología también resalta otra faceta suya: era un seductor, aunque no se da un número exacto de los hijos que engendró debido a la gran cantidad de descendientes que tuvo tanto con diosas, ninfas, como con mortales. De lo que sí que habla la mitología es de algunas de las tretas que utilizaba para conquistar, como por ejemplo convertirse en toro para raptar a la princesa fenicia Europa; transformarse en lluvia de oro con el fin de seducir a Danae, princesa de Argos; o en cisne, para conquistar a Leda, princesa de Etolia. Sin embargo, su esposa legítima era su propia hermana, Hera, cuyos descendientes fueron Ares, dios de la guerra; Hebe, diosa de la juventud; y Hefesto, dios del fuego.

Otra de sus conquistas fue la titánide Leto, de quien se enamoró perdidamente. El dios del Olimpo, que ya estaba casado con Hera, tuvo un amorío intenso y secreto. La esposa del dios se enteró de la aventura de su marido y juró vengarse de la titánide, ya embarazada. Leto fue perseguida por toda la Tierra, logrando encontrar un pequeño refugio en la isla de Delos. Allí dio a luz no a uno sino a dos pequeños: Apolo, dios de la luz, la música y la poesía, y Artemisa, diosa de la caza y de la Luna. Con el tiempo, los dos dioses hijos de Zeus y Leto, se convirtieron en grandes deidades del Olimpo.

Dejando atrás la mitología y volviendo al plano más terrenal, Apolo y Artemisa han tenido un papel fundamental, no por sus hazañas mitológicas, sino por la trascendencia de sus nombres en el mundo de la exploración espacial. Esto es así porque al programa espacial estadounidense que logró poner un ser humano en la Luna se le denominó Apolo y se desarrolló entre los años 1961 y 1972. Por otro lado, Artemisa es el nombre que se le ha dado al programa con el que la agencia estadounidense volverá a poner seres humanos en nuestro satélite, comenzando a desarrollarse en 2017 y que a fecha de edición de este libro sigue activo. A lo largo de este capítulo se hablará de estos dos programas y, para ello, es necesario hablar de una figura fundamental, ya que, sin él, el programa Apolo y, en consecuencia, el Artemisa, hubiesen sido muy distintos. Lejos de ser un dios, esta figura es el ingeniero de cohetes Wernher von Braun.

* * *

Wernher von Braun nació en Wirsitz en 1912, ciudad que hoy pertenece a Polonia pero que en aquellos tiempos pertenecía al Imperio Alemán, concretamente al reino de Prusia. Desde muy pequeño mostraba muchísimo interés por los cohetes, algo que marcaría el resto de su vida. Su padre, Magnus, fue ministro de Agricultura en el gobierno federal de la República alemana de Weimar y su madre, Emmy, procedía de una familia aristocrática descendiente de varios reyes medievales europeos. Wernher tenía dos hermanos, Sigismund y Magnus, mayor y menor, respectivamente. Cuando Wernher tenía tres años su familia se mudó a Berlín y, pocos años más tarde, su madre le regaló un pequeño telescopio lo que provocó que desarrollase una gran pasión por la astronomía. Otra disciplina por la que tuvo gran pasión fue la música, tanto que incluso quiso convertirse en compositor.

En 1925 estudió internado en Weimar, donde no le fue precisamente bien en matemáticas y física, aunque su mentalidad cambió cuando se hizo con un libro de Hermann Oberth, pionero en el mundo de los cohetes, quedando fascinado por los viajes espaciales. Cambió de internado, esta vez se trasladó a Spiekeroog (Alemania) y se esforzó sobre todo en matemáticas y física debido al impacto que había supuesto para él la lectura del libro de Oberth. Wernher lo tenía claro: quería ser ingeniero de cohetes y para lograrlo sabía que tenía que estar bien formado en esas dos disciplinas. Con ese entusiasmo, en 1930 se unió a la VfR (Verein für Raumschiffahrt), la Sociedad Alemana para Viajes Espaciales, fabricando incluso un primer cohete propulsado con gasolina y oxígeno líquido. Al año siguiente, en 1931, pasó un tiempo ayudando precisamente al profesor Oberth, el autor del libro que le había abierto los ojos en lo referente al mundo de los cohetes, siendo fácil deducir que en aquellos momentos el entusiasmo de von Braun era máximo. Además, le ayudó a escribir un nuevo libro, donde Oberth pretendía reflejar las opciones reales de fabricar cohetes con propulsión líquida. Finalmente, en 1932 se graduó en ingeniería mecánica en el Instituto Politécnico de Berlín y su talento era tal que el ejército alemán se puso en contacto con él para realizar investigaciones sobre misiles.

Para comprender los cohetes en profundidad, von Braun consideró necesario iniciar un doctorado en física en la Universidad Friedrich-Wilhelm de Berlín, actual Universidad Humboldt, ya que quería saber todo lo que sucedía en el interior de un cohete y su funcionamiento, centrándose en los cohetes de propulsión líquida y, aunque no trabajaba directamente para el ejército, sí que obtuvo financiación, ya que las investigaciones que realizaba estaban catalogadas como confidenciales. En pleno doctorado, el Partido Nazi llegó al poder y la industria del cohete se convirtió en una de las grandes prioridades de ese gobierno. A von Braun le ofrecieron una beca para seguir trabajando en ese sector mientras seguía con su doctorado; aceptó y, en 1934 logró doctorarse. Realizó otro trabajo de manera paralela a su doctorado, algo que algunos historiadores de la ciencia consideran que aquello fue su verdadera tesis. Ese proyecto en la sombra trataba no solo de obtener soluciones frente a los problemas planteados al lanzar cohetes con propulsión líquida, sino que también detallaba la construcción de un cohete denominado A2. El proyecto estaba clasificado y no salió a la luz hasta 1960, lo que sí que se sabe es que en 1934 lanzaron con éxito dos de estos cohetes.

En 1937, von Braun se adhirió al partido nazi y, de haber rechazado esa afiliación, hubiese perdido cualquier oportunidad laboral de continuar vinculado a la astronáutica. Tras su tesis y el proyecto del A2, su talento era más que notorio, tanto que no tardaron en fijarse en él los cargos más altos de aquella industria. Dos años después de su afiliación, von Braun fue nombrado asesor técnico en el Centro de Investigaciones del Ejército de Peenemünde, en la costa alemana del Mar Báltico, siendo ascendido incluso en tres ocasiones por el propio Himmler. Existe cierta controversia sobre la vinculación de von Braun con el partido nazi en la medida de que, por un lado, están los que piensan que solo utilizó el partido como vehículo para progresar en su carrera, mientras que otros opinan que realmente estaba vinculado al partido a nivel ideológico.

En aquellos momentos, el Imperio Alemán estaba muy interesado en un físico estadounidense: Robert H. Goddard. El americano, considerado un pionero de la era espacial, desarrolló dos patentes esenciales para la astronáutica: un cohete de varias etapas y otro que estaba propulsado por combustible líquido. Los alemanes ya habían dejado caer este interés preguntándole ocasionalmente algunas dudas relacionadas con sus diseños. Con la información recibida, von Braun la utilizó para construir una serie de cohetes y el 3 de octubre de 1942 tuvo lugar el primer lanzamiento exitoso de uno de ellos, el archiconocido V-2, un cohete con fines puramente bélicos. Fue lanzado desde la ciudad alemana de Peenemünde, estaba propulsado por una combinación de oxígeno líquido y alcohol que tras la ignición llegó a alcanzar una altura de 88 kilómetros. Zonas de Inglaterra o Suecia fueron objetivos militares reales, donde el V-2 fue usado por los nazis para asestar un duro golpe en la II Guerra Mundial. También llegó a hacer un vuelo completamente vertical el 20 de junio de 1944, llegando a alcanzar los 206 kilómetros de altura, siendo el primer objeto artificial en superar la Línea de Kármán, un límite aceptado por la Federación Aeronáutica Internacional situado a 100 kilómetros de altura sobre el nivel del mar, que marca el límite entre atmósfera y espacio.

En 1945, hacia el final de la guerra y ya con el Imperio Alemán viéndose derrotado, Adolf Hitler sabía que eran la principal potencia en el sector de la aeronáutica y la astronáutica y no querían compartir datos relacionados con la empresa armamentística alemana. Debido a ello, dio la orden de llevar a la cámara de gas a todas las personas que estuvieran relacionadas con el desarrollo de cohetes. Por suerte, von Braun se enteró del plan y huyó en tren hacia las montañas del sur de Alemania junto con algunos compañeros. Tras un tiempo ocultos, abandonaron su ubicación para dirigirse hacia las líneas estadounidenses avanzadas en Austria y ofrecer su rendición. Fue algo inesperado para el ejército estadounidense ya que von Braun era un codiciado elemento de una lista de ingenieros alemanes, por lo que al acudir a ellos de forma pacífica les sirvió para interrogarlo y obtener información muy valiosa sobre la construcción de cohetes, algo que cambiaría el curso de la historia de la exploración espacial.

En ese mismo año de 1945 y tras los protocolos necesarios, von Braun y los otros miembros huidos de la Alemania nazi fueron contratados por el Cuerpo de Artillería del Ejército de Estados Unidos. Von Braun analizó el programa de desarrollo de misiles guiados y no tuvo ningún reparo en criticar la lentitud con la que se estaba llevando a cabo. Con su ayuda, rehabilitaron varios cohetes V-2 que Estados Unidos había logrado interceptar a la par que desarrollaba nuevos cohetes como el Redstone, con el que logró desarrollar un sistema de guiado inercial con una precisión sin precedentes.

Cada día, von Braun mostraba su habilidad y conocimientos para desarrollar y construir cohetes, algo que le hizo ser nombrado director de la División de Operaciones de Desarrollo de la Agencia de Misiles Balísticos del Ejército estadounidense. El mencionado cohete Redstone fue clave a la hora de iniciar el programa espacial estadounidense, ya que sirvió como base para desarrollar el Jupiter-C, cuya modificación y transformación en el Juno I se utilizó para lanzar el primer satélite artificial estadounidense, el Explorer 1. Aquello sucedió el 31 de enero de 1958, aunque no fue el primer satélite artificial que viajó al espacio, ya que ese honor le corresponde al soviético Sputnik 1, que fue lanzado el 4 de octubre de 1957 a bordo de un cohete R-7 y describió más de 1.400 órbitas alrededor de nuestro planeta.

Tanto el satélite como el diseño inicial del cohete soviético fueron desarrollados por otro de los grandes diseñadores de máquinas astronáuticas, Serguéi Koroliov, alguien que fue tan determinante como von Braun, pero en el bando soviético. Ese mismo cohete también lanzó al espacio el Sputnik 2 el día 3 de noviembre de 1957, con la famosa perra Laika a bordo. Con esto, el Explorer I no fue ni el primer satélite lanzado al espacio ni el segundo, sino el tercero. La carrera espacial había comenzado con dos claros participantes: la URSS y Estados Unidos, donde fueron los soviéticos quienes tomaron la delantera en aquellos primeros momentos.

Con la potencia americana sintiéndose a la retaguardia de aquella carrera, decidieron sacarle todo el partido a Wernher von Braun con el fin de ponerse al frente. Para ello debería crear un cohete con el que lograr un vuelo orbital. Es necesario destacar que seis meses después del lanzamiento del Explorer 1 en 1958, se creó la NASA con el fin de coordinar todos los esfuerzos y estrategias en el campo aeronáutico, y ponerse a la vanguardia mundial en cuestión de exploración espacial, con la consecuencia de que von Braun pasaría a trabajar para aquella agencia recién creada, pero puso una condición: que le dejasen crear el cohete que tenía en mente: el Saturno. La NASA no tenía opción si quería disponer de todo el potencial de von Braun, por lo que accedió y el alemán comenzó a desarrollar sus ideas. En primer lugar, prepararon un programa con el fin de ser los primeros en lanzar a un ser humano al espacio: el Mercury, logrando su objetivo el 5 de mayo de 1961 con la misión Mercury-Redstone 3, también llamada Freedom 7. A bordo iba el astronauta estadounidense Alan B. Shepard. Sin embargo, la historia se repitió, ya que no fueron los primeros en poner un ser humano en el espacio. La URSS se les había vuelto a adelantar con la misión Vostok 1, que despegó el 12 de abril de 1961 con el cosmonauta Yuri Gagarin a bordo, siendo el primero no solo en salir al espacio sino también en orbitar nuestro planeta. Es cierto que en la misión previa a la Mercury-Redstone 3, la Mercury-Redstone BD, Estados Unidos ya quería mandar tripulación humana, pero von Braun quería ajustar todavía más los parámetros en ese vuelo para ofrecer más seguridad para los astronautas, por lo que voló al espacio sin tripulación. El lanzamiento tuvo lugar el 24 de marzo de 1961, y el hecho de no llevar pasaje humano permitió realizar más ajustes orientados a lanzarla tripulada en la siguiente misión. ¿Qué hubiera ocurrido si hubiese sido tripulada? Nunca se sabrá, pero la consecuencia fue que la URSS lanzó a Gagarin en el intervalo que transcurrió entre las misiones Mercury-Redstone BD y Mercury-Redstone 3.

Tras el vuelo de Shepard, la situación era que la URSS había ganado las batallas de esta guerra espacial: había puesto en órbita un objeto artificial, y había sacado al espacio un ser vivo —la perra Laika— y un ser humano —Yuri Gagarin—. La ventaja de los soviéticos era clamorosa a pesar de que Estados Unidos tenía puestas grandes esperanzas y no menos esfuerzos en aquel programa. Pero había ocurrido algo importante y es que, en julio de 1960, discretamente la NASA había iniciado el programa Apolo con el objetivo a largo plazo de llevar seres humanos a la Luna.

Unos meses atrás, cuando habían pasado veinte días desde el lanzamiento del astronauta estadounidense, ocurrió algo que se considera clave para la carrera espacial. El 25 de mayo de 1961, el presidente de Estados Unidos, John F. Kennedy, lanzó un discurso asegurando que antes de que acabase la década de 1960 enviaría un hombre a la Luna y lo traería sano y salvo de vuelta a la Tierra. Aquel fue el pistoletazo de salida para emplear todos los esfuerzos en el programa Apolo y en el ya iniciado cohete Saturno, donde un incipiente Saturno I ya había sido testado con algunos vuelos de prueba. A principios del año siguiente se comenzó a construir el cohete C-5, que sería bautizado como Saturno V, una mole de más de cien metros de altura, más de diez de diámetro máximo y una potencia jamás vista antes.

Meses después del discurso de Kennedy, el 20 de febrero de 1962, el astronauta americano John Glenn despegó en la misión Friendship 7 perteneciente al programa Mercury. Poco antes de subirse al cohete Atlas LV-3B, Glenn tuvo un gesto que puso en valor el trabajo de un grupo de mujeres, las conocidas como "Computadoras de la NASA". Me gustaría hablar de ellas porque su trabajo fue fundamental y no han pasado a la historia como se merecen. Fueron varias, siendo las más destacadas Dorothy Vaughan, Mary Jackson y Katherine Johnson.

Todo comienza en 1943, cuando Dorothy Vaughan ingresó en el Langley Memorial Aeronautical Laboratory de la NACA (National Advisory Committee for Aeronautics), el organismo previo a la NASA que gestionaba la actividad espacial estadounidense. Vaughan era mujer y afroamericana, por lo que fue asignada al West Area Computing Unit, una zona segregada donde se realizaban cálculos matemáticos a mano para el desarrollo de la aeronáutica. En seis años había destacado de tal manera en el departamento que, en 1949, se convirtió en la primera supervisora de cálculos afroamericana de la NACA. Fue pionera en el aprendizaje del lenguaje de programación FORTRAN, aplicándolo a aquellos primeros computadores e implicando también a todo su equipo, haciéndolo imprescindible en la agencia. En el año 1951, otra mujer afroamericana se incorporó a la NACA,

Mary Jackson, bajo la supervisión de Vaughan. Era tal su capacidad analítica y el ímpetu que mostraba en su trabajo que colaboró intensamente en estudios sobre aerodinámica. Dos años más tarde, en 1953, Katherine Johnson, otra mujer afroamericana, llegó al West Area Computing Unit. Tenía tal habilidad matemática que la hizo destacar a la hora de realizar cálculos de órbitas. En el caso de Jackson, no tenía una titulación superior y eso le planteó un reto: titularse para poder ascender en su trabajo. En 1958 logró asistir a clases en una escuela segregada —tras una dura lucha para poder incorporarse a las clases—, logrando titularse, siendo además la primera ingeniera aeroespacial afroamericana de la agencia.

En ese mismo año de 1958, se creó la NASA como ya se ha dicho, desapareciendo la NACA. Los trabajos de las mujeres afroamericanas del West Area Computing eran destacables y fundamentales. Hubo un ingeniero, John Stack, influyente en el Langley Memorial Aeronautical Laboratory que destacó la labor del grupo y junto a otros líderes técnicos fomentaron la integración de la unidad, terminando así con la segregación. Con esta nueva planificación, Dorothy Vaughan pasó a trabajar en el Área de Computación y Programación, formando a su equipo para adaptarlo al uso y desarrollo de las computadoras electrónicas. Mary Jackson aprovechó su titulación y pasó a trabajar en el Área de Ingeniería Aeroespacial, contribuyendo al diseño de sondas, algo que mejoró notablemente el rendimiento de las misiones espaciales. Por último, Katherine Johnson se unió a la División de Mecánica de Vuelo, donde desempeñó un papel fundamental al calcular las trayectorias para el programa Mercury. En la imagen 6.2 se puede ver a estas tres mujeres fotografiadas.

En 1962, cuando Glenn estaba preparado para ser el primer estadounidense en orbitar la Tierra, supo que los cálculos

Imagen 6.2. De izquierda a derecha, Dorothy Vaughan, Mary Jackson y Katherine Johnson. (Créditos: NASA)

de su trayectoria los había calculado una máquina. El astronauta dijo que no se subiría al cohete hasta que Katherine Johnson validara los resultados relacionados con la trayectoria, mostrando su confianza y apoyo hacia ella. "Si ella dice que es correcto, entonces estoy listo para volar", dijo Glenn. Johnson se puso manos a la obra, comprobó que los cálculos eran correctos y Glenn se convirtió en el primer estadounidense en orbitar nuestro planeta. Más tarde, los trabajos de Johnson resultaron fundamentales, tanto para el programa Gemini como para el programa Apolo.

Me gustaría mencionar que, en el año 2016, se estrenó la película *Hidden Figures,* dirigida por Theodore Melfi y protagonizada por Taraji P. Henson, Octavia Spencer y Janelle Monáe, basada en el libro del mismo título escrito por Margot Lee Shetterly. Tanto en la película como en el libro se narra la historia de Dorothy Vaughan, Mary Jackson y Katherine Johnson, mostrando tanto los logros que consiguieron como las dificultades por las que tuvieron que pasar para desarrollar sus trabajos sin segregación.

* * *

El dios Apolo, del que ya se ha hablado al principio del capítulo, dio nombre a este programa espacial. En sus inicios comenzó con los cohetes Saturno IB, un diseño en dos etapas de Wernher von Braun de casi setenta metros de altura, que estaba propulsado por una mezcla de queroseno altamente refinado, denominado RP-1, y oxígeno líquido, LOX. Esta mezcla de combustible alimentaba ocho motores dispuestos en patrón circular en su primera etapa y un motor en su segunda. A diferencia de programas espaciales anteriores, como el Mercury que tan solo podía llevar un astronauta a bordo, con el programa Apolo se pretendía llevar a tres.

Dejando de lado las negociaciones políticas y tecnológicas para encontrar el diseño perfecto —sobre todo del módulo donde viajaría la tripulación—, este cohete se usó para los tres primeros lanzamientos del programa Apolo, que tuvieron lugar en 1966, entre los meses de febrero y agosto, aunque ninguno de ellos fue tripulado. Las misiones fueron nombradas Apolo 1-A, Apolo 2 y Apolo 3, considerándose como exitosas a pesar de que en el primero de los vuelos hubo algunos problemas como la presencia de helio en la cámara de combustión debido a una pequeña grieta en los tanques; también hubo fallos eléctricos durante la reentrada que ocasionaron la pérdida de control y errores en las mediciones. A pesar de todo, las cápsulas de prueba fueron recuperadas satisfactoriamente.

A partir de ahí comenzaron los viajes tripulados en este programa, aunque no comenzaron con buen pie ya que la primera de las misiones, el Apolo 1, tenía previsto su despegue el 21 de febrero de 1967 mediante un Saturno IB, pero no llegó a efectuarse. La causa fue un incendio ocasionado en el módulo donde se encontraban los tres astronautas que habrían llevado a cabo la misión: Gus Grissom, Edward White y Roger Chaffee, que murieron en el interior de la cápsula ante la imposibilidad de abrir la trampilla para que salieran de ahí. Aquello fue un duro golpe para el programa, ya que era la primera vez que tres astronautas iban a bordo en una misión. Como consecuencia, se paralizaron los vuelos tripulados hasta no aclarar las causas que habían provocado aquel accidente. Por supuesto, el programa siguió adelante, pero no hubo viajes tripulados hasta el 11 de octubre de 1968.

La siguiente misión del programa tomó el nombre de Apolo 4 debido a que los nombres de Apolo 2 y Apolo 3 ya habían sido asignados en misiones previas al catastrófico Apolo 1. Fue lanzado el 9 de noviembre de 1967 y supuso el estreno de la máquina más poderosa que había diseñado el ser humano hasta entonces, el Saturno V, siendo aquella la primera prueba en un vuelo real no tripulado. Llegados a este punto, merece la pena poner en valor este cohete dando algunas de sus características, ya que era, cabe reiterarlo, la máquina más potente fabricada gracias, en gran medida, a Wernher von Braun.

El Saturno V era un cohete de tres etapas frente a las dos que disponía el Saturno IB. Su altura superaba los 110 metros frente a los casi 70 metros de su predecesor. En cuanto a la masa, prácticamente llegaba a alcanzar las 3.000 toneladas en el despegue y contaba con cinco motores F-1, cuatro de ellos dispuestos en los vértices de un hipotético cuadrado y el quinto en el centro de este. Estos motores, al igual que los de su predecesor, se alimentaban de RP-1 y LOX, y cuando entraban en ignición ejercían una fuerza de empuje tal, que algunos ingenieros afirman que sería capaz de levantar un edificio de 36 plantas. Por otro lado, su segunda etapa también equipaba cinco motores, en este caso del tipo J-1, dispuestos del mismo modo que los de la primera etapa y también alimentados con RP-1 y LOX. Por último, la tercera etapa tenía un único motor, era del tipo J-2 alimentado por el mismo tipo de combustible que el resto de los motores del Saturno V. Sin embargo, el J-2 tenía la peculiaridad de que podía tener dos encendidos. El primero de ellos se usaba para elevar la órbita del cohete alrededor de la Tierra, mientras que el segundo era para iniciar la maniobra de inserción orbital lunar.

Como dato, el sonido que desprendía el Saturno V en el lanzamiento era tan potente que podía romper cristales incluso a varios kilómetros de distancia, por lo que las medidas de seguridad que se tomaban en los lanzamientos eran extremas.

Dicho esto, es el momento de volver al Apolo 4, con quien se iniciaron los vuelos del Saturno V en este programa espacial. No se trató de un vuelo tripulado, aunque se obtuvieron datos de vital importancia para los futuros viajes que sí incluyesen tripulación, destacando la prueba del escudo térmico del Módulo de Comando a una velocidad de reentrada equivalente a la que tendría en un viaje de vuelta desde la Luna. La misión también colocó un CSM (Módulo de Comando y Servicio) en una órbita terrestre alta.

Las dos siguientes misiones tampoco fueron tripuladas. El Apolo 5 despegó el 22 de enero de 1968 mediante un cohete Saturno IB. Además de pruebas de propulsión, se pudo validar el Módulo Lunar como apto para albergar una tripulación humana. En el caso del Apolo 6, que despegó el 4 de abril de ese mismo año, utilizó un Saturno V como lanzador. En esta misión se intentó demostrar un proceso de inyección translunar, algo que no logró debido a fallos en motores de la segunda y tercera etapas, no llegando a la velocidad necesaria para realizar esa maniobra. También se realizó un simulacro de abortar misión con retorno a la Tierra, aunque sin tripulación. A pesar del error en los motores, los resultados fueron positivos a la hora de calificar el cohete Saturno V como apto para albergar una tripulación humana. La siguiente misión, el Apolo 7, fue lanzada el 11 de octubre de 1968 y la última en utilizar el cohete Saturno IB en el programa Apolo[40] orientado a misiones de objetivo lunar. Con ella volvieron los viajes tripulados, el primero desde el fatal accidente del Apolo 1. El despegue fue correcto y sin contratiempos y para esta misión, los astronautas Wally Schirra, Walt Cunningham y Donn Eisele estuvieron once días en el espacio realizando una extensa batería de pruebas sobre el CSM en órbita terrestre. También realizaron la primera retransmisión televisiva estadounidense en vivo desde el espacio, obteniendo unos datos de audiencia de decenas de millones de espectadores y haciendo que el público volviera a mostrar interés hacia el programa Apolo. Todas las pruebas fueron satisfactorias y la agencia espacial estadounidense se vio en disposición de enviar seres humanos a la órbita lunar en su próxima misión, el Apolo 8, que despegó el 21 de diciembre de 1968 con los astronautas Frank Borman, James Lovell y William Anders a bordo del Saturno V. Era la primera vez que la máquina más sofisticada de Wernher von Braun albergaba tripulación y también era la primera vez que los integrantes de una misión espacial escapaban de la gravedad terrestre. Por primera vez, el ser humano llegaba a la órbita lunar. El viaje de ida duró 68 horas y una vez en las inmediaciones de nuestro satélite lo orbitaron hasta en diez ocasiones, siendo aquellos astronautas los primeros que vieron y fotografiaron la cara oculta de la Luna.

Pese a los avances, Estados Unidos todavía no estaba en disposición de hacer descender astronautas a la superficie de la

---

[40] El cohete Saturno IB se volvió a utilizar en la década de 1970, pero en el marco del programa Apolo orientado a la estación espacial Skylab.

Luna. Antes había que probar una maniobra crítica que merece la pena explicar, porque permite hacerse a la idea de su complejidad y de los quebraderos de cabeza que debieron de tener los ingenieros para no poder encontrar una solución mejor. El motivo de esa maniobra nace de un problema de disposición de componentes en la tercera etapa del Saturno V. Inicialmente, los astronautas viajan en el CSM, situado en la punta del cohete. El CSM se divide en el Módulo de Comando, que es donde se alojan los astronautas, y en el Módulo de Servicio, que contiene los tanques de combustible de la tercera etapa, así como los sistemas de refrigeración, controles de orientación, antenas y generadores de energía. Bajo la tobera del motor del CSM se encuentra anclado el Módulo Lunar, que es el vehículo que se posará en la Luna con dos astronautas a bordo, dejando al tercero orbitando en el CSM. Lo que ocurre es que no hay una co-

Imagen 6.3. Disposición final del CSM (a la derecha) y el Módulo Lunar (a la izquierda) tras llevar a cabo la maniobra. (Créditos: NASA)

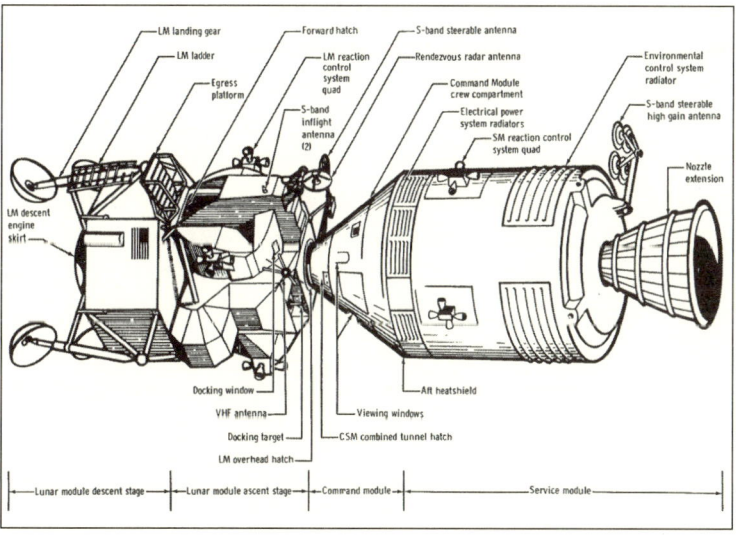

municación directa entre el CSM y el Módulo Lunar para que los astronautas accedan de un módulo a otro. Por lo tanto, se debía realizar una maniobra compleja que consistía en lo siguiente: durante el viaje a la Luna, el Módulo Lunar se separaba del CSM, y este último tenía que reorientarse con un giro de 180 grados para que su escotilla, ubicada en la punta del cono, se acoplase con la escotilla del Módulo Lunar, que se encontraba en el techo, tal y como se muestra en la imagen 6.3. La maniobra se llevaba a cabo manualmente, y los astronautas que la realizaron en las misiones se entrenaron durante meses. Una vez realizada, el motor SPS del CSM queda habilitado y tendrá disponibles múltiples encendidos. El motor está propulsado por la mezcla de Aerozine 50[41] y tetróxido de dinitrógeno, con la particularidad de que estos componentes se inflaman automáticamente al entrar en contacto, por lo que no es necesario realizar un encendido externo.

La primera vez que se ensayó tal maniobra en el espacio fue en la misión Apolo 9 con los astronautas James McDivitt, David Scott y Russell Schweickart a bordo. La misión despegó el 3 de marzo de 1969, regresando a la Tierra diez días después tras realizar operaciones en órbita baja terrestre. Era la primera vez que se lanzaba un cohete con la configuración lunar completa, es decir, el CSM junto al Módulo Lunar. También se hicieron pruebas independientes de este último módulo para validarlo como apto en tareas de operaciones en órbita lunar, así como los sistemas de propulsión con el módulo desacoplado. Se probó y demostró además que era posible una nueva maniobra de acoplamiento cuando una misión regresara de la Luna. Así se tendría una simulación lo más completa posible de lo que sería

---

[41] El Aerozine 50 es una mezcla al 50 % de hidrazina y de dimetilhidrazina asimétrica.

el desacople para viajar a la superficie de la Luna, recrear un nuevo acople para trasladar a los astronautas de nuevo al CSM y, finalmente, iniciar el viaje de vuelta a la Tierra. En esta misión también se realizaron dos paseos espaciales con dos astronautas distintos para comprobar la fiabilidad de los trajes del programa Apolo en el espacio, realizando algunas pruebas con su mochila de supervivencia. Cabe destacar que todas estas pruebas y simulaciones se hicieron en órbita terrestre, sin iniciar un viaje hacia la Luna. Finalmente, la misión fue un éxito rotundo y cada vez se veía más real la posibilidad de llevar a seres humanos a la Luna y traerlos de vuelta.

Apenas un mes después de la exitosa misión del Apolo 9, se llevó a cabo la última de las pruebas antes de llevar seres humanos a la superficie de la Luna. Este "ensayo general" se realizó con la misión Apolo 10, que despegó con los astronautas Thomas Stafford, John Young y Eugene Cernan a bordo de un Saturno V. La misión despegó el 18 de mayo de 1969 y tuvo una duración de ocho días. Esta misión ya no se limitó a una órbita terrestre, sino que llegó a orbitar la Luna con el objetivo de probar todos los componentes involucrados en una misión real con aterrizaje, aunque sin proceder a tocar la Luna. En ella se repasaron todos los procedimientos requeridos para llevar a cabo un aterrizaje en la superficie y retornar a la Tierra. En esta misión, Young permaneció en el CSM mientras que Stafford y Cernan se trasladaron al Módulo Lunar, trazando una órbita lunar muy cercana a la superficie ya que la sobrevolaron a poco más de 14 kilómetros de altura. Tras cuatro órbitas, volvieron al CSM y cuando Young completó treinta y una órbitas, regresaron a la Tierra. Es cierto que inicialmente esta misión estaba destinada a aterrizar en la superficie de la Luna, pero en la NASA vieron que sería conveniente realizar este último ensayo con un sobrevuelo cercano. La tripulación del Módulo Lunar también tomó fotografías del lugar destinado al aterrizaje de la siguiente misión en el Mar de la Tranquilidad. A partir de aquí, todo quedó listo para la gran hazaña de pisar la Luna con la misión Apolo 11.

* * *

Eran las 09:30 en Florida (Estados Unidos) del 16 de julio de 1969. Las inmediaciones del Centro Espacial Kennedy estaban abarrotadas tras la barrera de seguridad establecida. Se estima que un millón de personas estaban preparadas para verlo *in situ* desde carreteras y playas cercanas. Más de tres mil medios de comunicación estaban cubriendo la noticia desde allí. En lo alto del cohete, la tripulación formada por Michael Collins, Edwin "Buzz" Aldrin y Neil Armstrong esperaba la ignición de los motores. Tan solo faltaban dos minutos para que la máquina de Wernher von Braun echase a volar. La cuenta atrás avanzaba y cuando llegó a cero, a las 09:32 (13:32 UTC), los cinco motores F-1 comenzaron a rugir y el ruido producido se instaló en la cápsula que albergaba a los astronautas, que notaron como todo comenzaba a vibrar. Se estima que más de veinticinco millones de espectadores tan solo en Estados Unidos vieron el despegue por televisión, observando cómo el Saturno V en configuración AS-506 se elevaba e inclinaba a medida que alcanzaba altura.

Transcurrieron 2 minutos y 42 segundos cuando los cinco motores se apagaron, procediendo a separar la primera etapa e iniciando la ignición de los propulsores de la segunda. A los 9 minutos y 8 segundos, la segunda etapa dejó de quemar combustible y se separó, dando paso a la primera ignición de la tercera etapa. Cuando habían pasado apenas doce minutos de vuelo, el Apolo 11 entró en una órbita terrestre casi circular a unos 184 kilómetros de altura. En ese momento, el motor de la tercera etapa detuvo su combustión y poco después de completar la primera órbita, el motor volvió a encenderse para iniciar la trayectoria de inyección hacia la Luna. Eran las 16:22 UTC[42]. Treinta minutos después se produjo la maniobra para acoplar el Módulo Lunar o Eagle con el CSM o Columbia. Collins estaba a los mandos del Columbia y ya acoplados viajaron hasta las inmediaciones de la Luna. El 19 de julio a las 17:21 UTC, el Apolo 11, tras pasar por la cara oculta de la Luna, encendió los motores de servicio para entrar en órbita lunar. A lo largo de una treintena de órbitas, la tripulación pudo ver la zona prevista de aterrizaje en el Mar de la Tranquilidad, acercándose a unos 19 kilómetros de la superficie. El lugar elegido se escogió a conciencia ya que presentaba una orografía tal que ofrecía unas condiciones favorables para un aterrizaje sin mayores complicaciones. A las 12:52 UTC del 20 de julio, Armstrong y Aldrin entraron en el Eagle y comenzaron los preparativos para el descenso. Pasadas casi cinco horas, a las 17:44 UTC, los dos astronautas se separaron del Columbia, quedando Collins orbitando la Luna mientras contemplaba la separación de sus compañeros rumbo a la superficie.

Durante el descenso del Eagle parecía que algo no marchaba según lo previsto. Los accidentes geográficos que tomaron como referencia para calibrar la maniobra de aterrizaje los estaban pasando antes de lo previsto: estaban viajando demasiado rápido. Esto indicaba que aterrizarían a varios kilómetros de distancia del lugar elegido y aquello no sería más que el primero de los contratiempos que tuvieron. Cuando el Eagle se encontraba a 1.800 metros de la superficie, empezaron a sonar una serie de alarmas, aunque desde el Centro de Control de Misión

---

[42] A partir de aquí ya no tiene sentido hablar de horas locales debido a que los astronautas están en el espacio, por lo que se utilizará el Tiempo Universal Coordinado (UTC).

en la Tierra, aseguraban que el descenso era seguro y se continuó con la maniobra. Estando más cerca de la superficie, Armstrong iba viendo como el lugar de aterrizaje previsto era un lugar rocoso, algo que no se apreciaba desde órbita, incluso desde el sobrevuelo de la misión anterior, el Apolo 10. Aterrizar allí resultaría peligroso, por lo que el astronauta tomó el control. Cuando la sonda se situaba a 33 metros en vertical sobre la superficie, Armstrong observaba cómo el combustible estaba llegando a un límite crítico y se propuso aterrizar en el primer lugar que considerase seguro. El astronauta encontró un sitio que cumplía sus requisitos, pero conforme se acercaba vio que había un cráter por lo que hubo que descartar de inmediato y elegir otro. En esos momentos, los indicadores marcaban que tan solo quedaban noventa segundos de combustible y la sonda estaba volando tan baja sobre la superficie que la cantidad de polvo que se levantaba era tal que dificultaba la visibilidad. Armstrong tan solo podía fijarse en algunas rocas que le resultaban visibles durante algunos segundos con el fin de calcular la velocidad a la que se desplazaban. La tensión era máxima. De pronto, se encendió una de las luces que indicaba el contacto de una de las patas del aterrizador y tres segundos después, las otras dos patas también quedaron posadas, seguido del apagado de los motores. El Eagle había aterrizado. Eran las 20:17 UTC del 20 de julio de 1969.

Cuando pasaron unas tres horas desde el aterrizaje comenzaron los preparativos para salir ahí fuera. Los astronautas abrieron la escotilla a las 02:39 UTC del 21 de julio. Armstrong, con cierta incomodidad debido a su mochila de soporte vital logró salir. Al posarse sobre la escalera activó la cámara de televisión del módulo para retransmitirlo todo hacia una audiencia en la Tierra estimada de unos 600 millones de personas. A los pocos segundos, llegó uno de los momentos más icónicos de la historia: "Esto es un pequeño paso para un hombre, un gran salto para la humanidad". Sucedió a las 02:56 UTC. Diecinueve minutos después, Aldrin pisó la superficie lunar pronunciando su famosa frase de "magnífica desolación". Los dos astronautas reconocieron que se habían acostumbrado con cierta facilidad a aquel suelo resbaladizo de la superficie lunar, dejando patente además que los trajes estaban respondiendo tal y como estaba previsto.

Entre los dos colocaron la bandera de Estados Unidos en la superficie de la Luna y desplegaron varios experimentos, como un sismógrafo para medir terremotos, algunos reflectores que se utilizan para medir mediante láser la distancia con extrema precisión de la Luna a la Tierra, o recoger más de 20 kilogramos de muestras para traerlas a la Tierra. Un acto simbólico que realizaron fue descubrir una placa que iba acoplada en la escalera del Módulo Lunar con el texto "Aquí los hombres del planeta Tierra pisaron por primera vez la Luna en julio de 1969 d. C. Vinimos en son de paz para toda la humanidad" y las firmas de los astronautas y del presidente Nixon.

Tras llevar a cabo las tareas previstas en superficie, Aldrin fue el primero en volver al Eagle. Le siguió Armstrong y a las 05:11 UTC, tras haber estado algo más de dos horas en la superficie lunar, cerraron la escotilla, presurizaron el módulo y se acomodaron para dormir. Tras siete horas de sueño, fueron despertados desde Houston con el fin de preparar el vuelo de regreso. Despegaron de la superficie lunar a las 17:54 UTC del 21 de julio, dejando atrás la plataforma de lanzamiento del Eagle junto a la placa, la bandera, los experimentos que habían desplegado y algunos enseres conmemorativos. La propulsión hizo que la bandera cayese al suelo según vio Aldrin por la ventanilla y, por ese motivo, las siguientes misiones situaron la bandera más alejada del módulo de aterrizaje. Tras el despegue, el objetivo era encontrarse con Collins en órbita e iniciar una nueva maniobra de acoplamiento. Durante varias horas, a Collins se le consideró el ser humano más alejado de otro ser humano, pero el astronauta, según confesó en algunas entrevistas, jamás se sintió aislado debido a que estuvo en contacto por radio en todo momento, exceptuando los pasos por la cara oculta de la Luna, donde era imposible comunicarse con nuestro planeta. También es cierto que Collins se mantuvo ocupado. Tenía la tarea de localizar el módulo lunar en la superficie durante el tiempo que los dos astronautas estaban allí; también llevó a cabo tareas de mantenimiento desechando el exceso de agua producida por el combustible o preparar el habitáculo para la llegada de sus compañeros.

La maniobra de acople se completó a las 21:35 UTC del 21 de julio y fue llevada a cabo sin contratiempos. Aldrin y Armstrong accedieron al Módulo de Mando y, por otro lado, unas dos horas después del desacople, el Módulo Lunar se desechó hacia una órbita alrededor de nuestro satélite. A continuación, iniciaron la maniobra para trazar una transferencia hacia la Tierra, teniendo un viaje de vuelta que se produjo con total normalidad. El 24 de julio a las 16:21 UTC, se desechó el Módulo de Servicio del Módulo de Mando y se procedió con la reentrada en la atmósfera de nuestro planeta, que era un punto crítico de la misión. Otro de los momentos cruciales del viaje era la apertura de los paracaídas una vez que la velocidad de la cápsula se frenase lo suficiente debido a la fricción atmosférica. Se desplegaron en el momento previsto; eran las 16:44 UTC del 24 de julio y el proceso se desarrolló tal y como estaba planeado. Siete minutos después, a las 16:51 UTC, tocó agua en mitad del océano Pacífico. El portaaviones USS Hornet los estaba esperando cerca de allí y un equipo de buzos con una preparación específica se desplazó hacia la cápsula, que se mantenía en superficie gracias a los flotadores

Imagen 6.4. Despegue de la misión Apolo 11 captada desde el perímetro de seguridad el 16 de julio de 1969 (Créditos: NBC)

que llevaba incorporados. Los astronautas fueron extraídos del Columbia y los llevaron hasta el navío. Tras tomar las medidas oportunas, los tres astronautas entraron en la unidad de cuarentena móvil de la embarcación en un aislamiento que se prolongó a lo largo de 21 días, finalizándolo en Houston (Estados Unidos). La NASA consideraba que las posibilidades de traer material biológico de la Luna eran remotas, pero aun así prefirieron asegurarse y no correr ningún riesgo. Este proceso de cuarentena es algo que se repitió en las misiones Apolo 12 y Apolo 14, mientras que las siguientes misiones ya no pasaron por este proceso. Al finalizar el aislamiento, Neil Armstrong, "Buzz" Aldrin y Michael Collins hicieron historia por ser la primera tripulación que viajó a la superficie de la Luna y volvió sana y salva a la Tierra.

* * *

Tras el hito de haber pisado la Luna, ese mismo año de 1969 se produjo otro lanzamiento: la misión Apolo 12, que despegó el 14 de noviembre. Lo hizo bajo un día tormentoso en el Centro Espacial Kennedy en Florida, donde el Saturno V fue alcanzado por dos rayos, aunque sin causar mayores daños. La misión estuvo diez días fuera de la Tierra con los astronautas Richard Gordon, Charles Conrad y Alan Bean a bordo. En esta ocasión, la misión sí que aterrizó en el lugar previsto, corroborando que era posible posarse en la Luna en un sitio elegido previamente. Conrad y Bean estuvieron aterrizados algo más de veinticuatro horas en la superficie lunar y además de desplegar experimentos, realizaron tareas geológicas en superficie.

Parecía que, para Estados Unidos, llevar hombres a la Luna se había convertido en algo rutinario por la eficacia de las misiones Apolo 11 y Apolo 12. Con esta mentalidad, el 11 de abril de 1970 despegó la misión Apolo 13 donde los astronautas James Lovell, Fred Haise y John Swigert pusieron rumbo a la Luna para que dos de ellos, la volvieran a pisar, aunque no lograron su objetivo. El motivo fue que un tanque de oxígeno del Módulo de Servicio estalló dos días después del despegue, causando graves daños en los sistemas eléctricos y de soporte vital. Planificaron una maniobra de vuelta a la Tierra que pasaba por dar una vuelta alrededor de la Luna, con el fin de iniciar una trayectoria de vuelta a nuestro planeta. El inconveniente estaba en que el tiempo jugaba en contra de los astronautas ya que el soporte vital quedó tan dañado que los sistemas del Módulo de Mando tuvieron que apagarse; era la única opción de que los astronautas tuviesen el suficiente oxígeno como para poder respirar. Aquella maniobra, a pesar de ser la opción en la que más kilómetros se recorrerían, era la que traería a los astronautas de vuelta en menos tiempo. En el viaje de regreso, los astronautas tuvieron que soportar unas altas temperaturas debido a los fallos provocados por la explosión y estuvieron a punto de morir. Sin embargo, la pericia de los tripulantes a los mandos a la hora de improvisar procedimientos, junto a los recibidos desde la Tierra, hizo que los tres hombres se mantuvieran con vida durante los cuatro días que duraba el viaje tras el incidente. Finalmente, los astronautas aterrizaron a salvo en el Pacífico sur y, aunque no lograron el objetivo inicial, la NASA calificó esta misión de éxito parcial debido a que los tres astronautas lograron llegar con vida a la Tierra.

Tras los fallos que provocaron el accidente del Apolo 13 tuvieron que pasar varios meses hasta que el programa se retomase. Lo hizo al año siguiente lanzando la misión Apolo 14, que despegó el 31 de enero de 1971, aunque inicialmente estaba prevista lanzarla el año anterior, pero los análisis de los errores del decimotercer Apolo propiciaron el retraso. A bordo viajaban los astronautas Stuart Roosa, Alan Shepard y Edgar Mitchell, permaneciendo fuera de la Tierra hasta el 9 de febrero de ese mismo año. Esta tripulación fue la tercera en pisar la Luna y, por primera vez, el aterrizaje tuvo lugar en las tierras altas lunares. Shepard y Mitchell pisaron la superficie de nuestro satélite el 5 de febrero en la zona de Fra Mauro, que era el lugar de aterrizaje asignado a la misión Apolo 13. En esta misión se recogieron más de 42 kilogramos de rocas lunares y al igual que en las misiones anteriores, desplegaron experimentos científicos en superficie. Como dato, Shepard, además de haber volado con anterioridad al espacio con la misión Freedom 7, fue el primer jugador de golf en la Luna: con un palo improvisado golpeó dos pelotas de golf que se había llevado de la Tierra. Roosa, orbitando la Luna mientras tanto, tomó imágenes de la superficie lunar, incluyendo el lugar donde aterrizaría la próxima misión. El viaje de vuelta a la Tierra se realizó sin contratiempos y los astronautas aterrizaron en el océano Pacífico.

Aquel mismo año de 1971 volvió a despegar otra misión del programa, el Apolo 15. Lo hizo el 26 de julio con los astronautas Alfred Worden, James B. Irwin y David Scott a bordo, regresando a la Tierra el 7 de agosto. Dos de los astronautas, Irwin y Scott, llegaron a la superficie lunar llevando a cabo una misión más enfocada a objetivos científicos que en las anteriores. Además, en esta misión se contó con un vehículo lunar que se utilizó para realizar tareas en superficie en lugares más alejados del punto de aterrizaje. Antes de iniciar el regreso a la Tierra y con los dos astronautas acoplados ya en órbita lunar, Worden realizó el primer paseo espacial más allá de la Luna. Regresando a la Tierra, en la reentrada concretamente, hubo un pequeño contratiempo ya que uno de los tres paracaídas no funcionó con normalidad y tan solo se usaron dos, aunque no hubo mayores consecuencias. Worden también escribía poesía y uno de sus poemarios se publicó en 1974 bajo el título *Hello Earth: Greetings from Endeavor,* donde el Endeavor era el nombre que recibió el Módulo de Mando de esta misión. En 2021, el artista español Antonio Arias reinterpretó esta obra llenándola de música en un proyecto denominado *Hola Tierra.* Para ello se rodeó del productor y bajista británico Martin Glover, de la artista española Anni B Sweet y de los colaboradores del propio Arias en su banda Lagartija Nick: David Fernández, Juan Codorníu y J. J. Machuca.

Se acerca el final de las misiones del programa Apolo con el objetivo de pisar la Luna. Habían pasado más de siete meses desde la reentrada a nuestro planeta de la misión Apolo 15, cuando el 16 de abril de 1972 se lanzó la penúltima de las misiones del programa, el Apolo 16. A bordo iban los astronautas Thomas Mattinlgy, John Young y Charles Duke, retornando a la Tierra el 27 de abril. Entretanto, el viaje de ida a la Luna presentó algunos pequeños fallos que hicieron que el aterrizaje se retrasase seis horas con respecto a la hora prevista. Las ideas de abortar el aterrizaje estuvieron presentes, pero finalmente no las llevaron a cabo, aunque sí que adelantaron el momento de regresar a la Tierra. Los astronautas Young y Duke fueron los elegidos para pisar la Luna y estuvieron 71 horas aterrizados. También contaron con el apoyo de un rover que les permitió viajar por las inmediaciones del lugar de aterrizaje. Entre los casi 96 kilogramos de rocas lunares que trajeron a nuestro planeta se encuentra la roca "Big Muley", la más grande traída desde allí en todo el programa. A pesar de los contratiempos en la ida y el adelanto del regreso, los astronautas llegaron sanos y salvos a nuestro planeta.

Todavía sin acabar aquel 1972, se desarrolló la que sería la última de las misiones Apolo con el objetivo puesto en la Luna. El último de los Saturno V rumbo a nuestro satélite despegó el 7 de diciembre de ese año. A bordo viajaban los astronautas Ronald Evans, Eugene Cernan y Harrison Schmitt. El lanzamiento de esta misión fue el único de todo el programa que contó con un retraso y fue debido al fallo de un componente, aunque poco después pudo despegar con total normalidad. Tras el viaje de ida, los astronautas Cernan y Schmitt aterrizaron en la región lunar de Taurus-Littrow, siendo Schmitt el único geólogo profesional que ha pisado la Luna. Este, junto a Cernan, estuvieron trabajando en superficie y, al igual que en la misión anterior, también dispusieron de un rover para desplazarse. También, como en las misiones predecesoras, trajeron muestras —fue la misión que más material trajo, en total 115 kilogramos— y desplegaron experimentos en superficie. El 19 de diciembre, volvieron a la Tierra sanos y salvos.

Eugene Cernan fue el último ser humano en la Luna ya que fue el último en subirse al Módulo Lunar. Lo hizo a las 05:40 UTC del 14 de diciembre de 1972 con una frase que ha quedado para la historia: "Nos vamos como vinimos, y, si Dios quiere, como volveremos: con paz y esperanza para toda la humanidad". Finalmente, un total de doce hombres pisaron la Luna con el programa Apolo: Neil Armstrong, "Buzz" Aldrin, "Pete" Conrad, Alan Bean, Alan Shepard, Edgar Mitchell, David Scott, James Irwin, John Young, Charles Duke, "Jack" Schmitt y "Gene" Cernan. También hubo varios astronautas que repitieron en algunas de las dieciocho misiones del programa Apolo. Estos fueron James Lovell —Apolo 8 y Apolo 13—, John Young —Apolo 10 y Apolo 16— y "Gene" Cernan —Apolo 10 y Apolo 17—, siendo Lovell el único que no pisó la Luna de los tres ya que estaba destinado a hacerlo en la misión Apolo 13.

Para la figura de Werhner von Braun, el programa Apolo supuso la culminación de su carrera como ingeniero de cohetes, logrando algo con lo que llevaba soñando desde que era un niño. Como ya se ha visto a lo largo de este capítulo, von Braun fue clave en el éxito del programa que pretendía llevar hombres a la Luna y, como dijo Kennedy en su discurso, traerlos sanos y salvos de vuelta a la Tierra. Su cohete, el Saturno V, fue la clave para lograrlo y, aunque no estuvo presente en todos los lanzamientos de los cohetes que había diseñado para este programa, sí que lo estuvo en el histórico Apolo 11 y en algunos de los despegues de misiones previas. Sin duda, la decisión de hacer partícipe a von Braun en las operaciones estadounidenses relacionadas con los cohetes fue clave para decantar la carrera espacial por alcanzar la Luna en favor de los americanos. La URSS también intentó desarrollar un programa lunar tripulado, pero una combinación de fallos técnicos, mala organización y decisiones políticas hizo que los soviéticos abandonasen esa lucha, dejando libre el camino a la NASA mientras que la URSS se centró en otros objetivos tras redefinir su estrategia.

* * *

La misión Apolo 17 finalizó con la cápsula en la superficie del océano Pacífico el 19 de diciembre de 1973. Tras el éxito del programa Apolo, la Luna había sido conquistada y, desde entonces, tan solo se enviaron misiones a orbitar nuestro satélite. Algunas de ellas, muy pocas, situaron sondas en superficie. Otro ambicioso proyecto se inició con el programa Artemisa, que desde que finalizara el programa Apolo hasta que se lanzó la primera misión de este programa pasaron nada más y nada menos que 18.229 días o, lo que es lo mismo, casi cincuenta años. Si bien es cierto que el programa Apolo era exclusivamente de la NASA, el programa Artemisa está liderado también por la NASA, aunque en colaboración con la Agencia Espacial Europea (ESA), la Agencia de Exploración Aeroespacial de Japón (JAXA), la Agencia Espacial Canadiense (CSA) y la Agencia Espacial Australiana. Este programa también cuenta con la participación de empresas aeroespaciales privadas como SpaceX, Blue Origin o Northrop Grumman. Pasados esos 18.229 días, el 16 de noviembre de 2022 y tras varios retrasos, despegó la primera misión de este nuevo programa con rumbo a la Luna, sin tripulación, pero con un ambicioso objetivo: volver a llevar seres humanos a la Luna.

El proyecto se estableció formalmente en 2017 cuando el presidente estadounidense Donald Trump firmó la Space Policy Directive-1, con el fin de priorizar el regreso a la Luna mediante una colaboración internacional, aunque en aquel momento todavía no se llamaba Artemisa. Se tomó como base el programa Constellation de 2004, anunciado por George W. Bush, con el fin de viajar a Marte y volver a la Luna. Para ello se desarrollaría la cápsula Orión y el cohete Ares I, aunque el programa fue cancelado debido a retrasos y sobrecostes. A pesar del abandono del proyecto, el desarrollo de la cápsula Orión continuó y allá por

2010, la NASA comenzó a desarrollar el cohete SLS (Space Launch System), cuyo diseño estaba preparado para poner cargas útiles más allá de la órbita terrestre. Dos años más tarde, tras la formalización, en 2019, la NASA bautizó este programa espacial como Artemisa, donde uno de los objetivos más específico era que una mujer fuese quien pisase la Luna en primer lugar con este nuevo proyecto, además de establecer más a largo plazo una presencia semipermanente en la Luna y usar nuestro satélite como puerto intermedio en viajes más allá del sistema Tierra-Luna.

El desarrollo del cohete SLS se finalizó,a pesar de los muchos retrasos y sobrecostes que se encontraron. En 2020 quedó preparado para integrar las misiones del programa Artemisa y con respecto a la cápsula Orión, no hubo tanto retraso ni sobrecostes, teniendo en 2014 un vuelo de prueba no tripulado, ensamblando la versión definitiva para la Artemisa 1 en el año 2020.

A partir del inicio del desarrollo del programa, también se comenzó a diseñar el Gateway, que consiste en una estación espacial que orbitará alrededor de la Luna en una trayectoria elíptica tipo NRHO (Near Rectilinear Halo Orbit), con la particularidad de que este tipo de órbitas facilita tanto el acceso a la superficie lunar como a otros cuerpos del sistema solar. Además de todo eso, la estación Gateway servirá de parada para los astronautas que tengan el objetivo de pisar la Luna, haciendo más sencilla la transferencia hacia la superficie de la Luna en comparación con un viaje directamente desde la Tierra. Por supuesto, será un laboratorio en órbita que podrá funcionar de manera autónoma cuando no tenga astronautas a bordo y en el que se podrán realizar experimentos que estén relacionados con la radiación espacial, la microgravedad o algunas tecnologías que se vayan a utilizar en otros cuerpos del sistema solar.

En 2022, y tras un largo programa de pruebas, el cohete SLS con la cápsula Orión fue trasladado a la plataforma de lanzamiento 39B del Centro Espacial Kennedy, la misma plataforma que se utilizó más de 50 años atrás para la misión Apolo 11 que llevó al hombre a la Luna. Tras varios retrasos, el 16 de noviembre de 2022 despegó la misión Artemisa 1, convirtiendo al SLS en el cohete más potente de la historia en lo que a empuje inicial se refiere[43].

La misión tuvo una duración de 25 días, finalizando con un aterrizaje en el océano Pacífico el 11 de diciembre de 2022. La cápsula Orión, que era la carga útil, estaba destinada a humanos, pero en este primer vuelo viajó con una tripulación simulada. A bordo se encontraba el maniquí Moonikin Campos, equipado con sensores para medir vibraciones, aceleraciones y niveles de radiación a lo largo del viaje; también llevaba dos torsos femeninos llamados Helga y Zohar, equipados con medidores de radiación; llevó dos muñecos, uno de la oveja Shaun y otro de Snoopy, siendo el primero seleccionado como mascota de la misión, mientras que el segundo fue considerado herencia del programa Apolo, ya que fue una figura simbólica de aquellas misiones. Por otro lado, los dos muñecos sirvieron además como indicadores de gravedad cero. Continuando con los objetos simbólicos, también viajaban a bordo banderas de varios países, parches de misión y demás objetos conmemorativos, como pines, un tornillo del cohete F-1 del Saturno V o semillas de diferentes especies de árboles. A bordo también viajaban varios soportes de almacenamiento con nombres que la NASA recopiló como parte de una campaña que lanzó al público general. Por último, la cápsula transportaba varios soportes grabados y

---

[43] El 20 de abril de 2023 este récord fue superado por el lanzamiento del cohete Starship de SpaceX.

archivos de datos enviados desde sectores relacionados con la educación. Además de todo esto, ya a un nivel más tecnológico y de manera complementaria, desplegó varios satélites del tipo CubeSat para realizar diversos experimentos con la Luna como objetivo.

La cápsula de la misión Artemisa no tenía programado realizar una órbita completa a la Luna, sino que trazó una trayectoria de órbita retrógrada distante o DRO por sus siglas en inglés. Gracias a ello, pudo realizar dos sobrevuelos cercanos; el primero tuvo lugar el 21 de noviembre, pasando a 130 kilómetros de la superficie; el segundo se produjo el 5 de diciembre, acercándose hasta los 127 kilómetros. Entre estos dos sobrevuelos, el 28 de noviembre la sonda batió un récord cuando se alejó de la Tierra a la máxima distancia que ha estado una cápsula destinada a humanos: 432.210 kilómetros, dejando atrás el récord anterior de 400.171 kilómetros establecido por la misión Apolo 13 en 1970.

Tras el éxito de esta primera misión, siguieron adelante los planes establecidos para las dos siguientes misiones del programa, donde la primera de ellas irá tripulada, aunque sin aterrizaje en la Luna; para volver a aterrizar habrá que esperar a la misión Artemisa 3. Con respecto a la misión Artemisa 2, durará unos diez días y también realizará una trayectoria DRO. La tripulación estará compuesta por el comandante estadounidense Reid Wisemann, el piloto estadounidense Victor Glover, la especialista de misión estadounidense Christina Koch y el especialista de misión canadiense Jeremy Hansen. Inicialmente, el lanzamiento del cohete SLS de esta misión estaba establecido en noviembre de 2024, sin embargo, no se llevó a cabo. A fecha de edición de este libro y según la información de la NASA, este lanzamiento estaría programado para abril de 2026. Con respecto a la misión Artemisa 3 todavía no tiene tripulación asignada pero lo que sí se sabe es que volverán a pisar la Luna. ¿Esto cuándo será? Según la página web del programa Artemisa en la NASA, estiman el lanzamiento a mediados de 2027, con una duración de misión de aproximadamente treinta días. Más a largo plazo y con fecha ni tan siquiera aproximada, está prevista una cuarta misión de este programa, que será cuando se estrene la estación Gateway, así como una nueva versión del cohete SLS, que volverá a convertirlo en el más potente de todos, al menos en comparación con los cohetes lanzados hasta ahora.

No cabe duda de que el programa Artemisa es ambicioso, pues sus objetivos también lo son. A diferencia del programa Apolo, la NASA apenas tuvo competidores, ya que la Unión Soviética cambió rápidamente sus planes de llevar humanos a la Luna, dejando el camino libre a los estadounidenses. Sin embargo, la curiosidad humana y el afán explorador han propiciado la aparición de nuevos actores en esta nueva era de exploración espacial, principalmente la empresa privada SpaceX, de Elon Musk, que también planea misiones tanto a la Luna como a Marte. La incursión del sector privado sin duda está acelerando esta carrera, lo que hace que las fechas de las misiones puedan adelantarse o retrasarse según las decisiones de las partes implicadas. También debemos prestar atención a nuestros prometedores astronautas, Sara García y Pablo Álvarez, quienes podrían participar en alguna de estas misiones. Esta nueva carrera por llegar a la Luna promete ser apasionante, y seremos testigos de los logros que se alcancen.

MARTE

Nuestro vecino al alcance de la mano

He tenido la suerte de crecer en un pueblo de la provincia de Albacete llamado Casas-Ibáñez. Al alejarme escasos kilómetros del núcleo urbano, las noches se volvían oscuras como en pocos sitios. Actualmente, suelo montar mi telescopio en la aldea de Serradiel por la proximidad y facilidad de acceso, o alguno de los lugares cercanos, como el Cerro de los Cuchillos. En aquellos cielos, si el planeta Marte es visible en un despejado cielo nocturno, su color rojo intenso no deja indiferente a nadie, haciéndolo inconfundible. Ni ahora ni hace milenios.

Marte, al tener un movimiento que desobedece al de las estrellas fijas, no hizo otra cosa que aumentar la curiosidad en nuestros antepasados por interpretar aquel objeto celeste. En la cultura de la Antigua Grecia, a partir del siglo VI a. C., se empezó a rendir culto a los conocidos como "Dioses Olímpicos", que eran aquellos que habitaban en el monte Olimpo, la montaña más alta de Grecia. Entre estos dioses se encontraba Ares, el dios de la guerra, hijo de Zeus y Hera, siendo Marte su equivalente en la mitología romana. Según los griegos, Ares, al igual que su padre, era un conquistador en el sentido amoroso de la palabra ya que se le ha relacionado con más de treinta amantes y una descendencia de unos sesenta hijos. Por otro lado, la mitología apunta a que Ares era un dios violento y sanguinario, comportamiento que no era del agrado de otros dioses del Olimpo. Así que, para acabar con él, su propio padre ideó un plan aprovechando que la diosa del amor, Afrodita, se había enamorado del dios de la guerra. El plan consistía en casar a Afrodita con Hefesto, dios del fuego, temible entre los demás dioses. Pese al matrimonio, Ares y la diosa del amor tuvieron un romance a espaldas del dios del fuego y tuvieron cuatro hijos: Harmonía, Eros, Fobos y Deimos. Al cabo de un tiempo, Hefesto se enteró debido a que Helios, dios del Sol, le informó del romance que tenían a escondidas. El dios del fuego encolerizó ante la noticia y forjó una malla para capturar a Ares, logrando su objetivo. Hefesto, orgulloso de su éxito, avisó al resto de dioses para que viesen su logro: nada más y nada menos que atrapar al dios de la guerra. Pero las cosas no salieron como Hefesto había planeado, ya que él pensaba que lo aclamaran ante tal éxito; sin embargo, a quien vitorearon fue a Ares por haber podido conquistar a la diosa del amor. El enfado de Hefesto fue descomunal, tanto que tuvo que interceder Poseidón, dios de los mares, convenciéndolo para que lo liberase.

Otra historia sobre Marte es que está relacionado con la estrella más brillante de la constelación de Scorpius. Antiguamente, el nombre que recibía tal astro era Kalb al Akrab, que traducido del árabe significa "corazón del escorpión". Es una estrella que se puede observar en los cielos veraniegos destacando su color rojizo y cuyo brillo la convierte en la decimoquinta más brillante del cielo nocturno. Tanto su color como su brillo son muy similares al del planeta Marte en el cielo, hasta el punto de que los griegos consideraban a estos dos astros como adversarios en el firmamento. Es decir, Ares era rival de Kalb al Akrab o, como empezaron a llamarlo, anti-Ares. Ese nombre ha ido derivando hasta convertirse en Antares, que es como hoy se conoce a esta estrella supergigante roja. Si Antares estuviese situada en el mismo lugar del Sol, la superficie estaría más allá de la órbita de Marte y, aunque no llegaría a la de Júpiter, sí que abarcaría a la mayor parte de asteroides del cinturón principal. Esta estrella tan solo tiene unos 15 millones de años, tiempo que puede parecer grandísimo, aunque a niveles cósmicos no es más que un pestañeo, lo que implica que ningún dinosaurio pudo verla brillar porque se extinguieron hace unos 66 millones de años, antes de que la estrella naciera.

En el capítulo 2 se vio cómo se formó el sistema solar y el motivo por el cual el planeta Marte no aumentó de tamaño, en base a lo argumentado mediante la hipótesis del *Grand Tack*. Según lo aportado por esta suposición, Marte no siguió aumentando de tamaño y se situó en la órbita en la que se encuentra en estos momentos, debido a una acción conjunta producida por la fuerza gravitatoria combinada de los planetas Júpiter y Saturno. Después de todo aquello, y tras el paso de miles de millones de años, hoy el planeta Marte tiene un diámetro de 6.779 kilómetros, prácticamente la mitad del que tiene la Tierra y, aunque pueda parecer un mundo muy distinto al nuestro, en un pasado tenían muchísimas similitudes, tal y como se verá a lo largo del capítulo.

* * *

Como se ha dicho al principio del capítulo, Marte ha sido observado como un cuerpo celeste de interés, debido a su movimiento por los cielos distinto al de las estrellas fijas. Por ejemplo, los antiguos astrónomos egipcios ya observaron el movimiento de retrogradación, es decir, cuando bajo nuestra perspectiva, el planea rojo parece frenarse en su movimiento y retroceder para luego retomar su sentido inicial de desplazamiento. No es más que un efecto de perspectiva perfectamente explicable desde un sistema solar heliocéntrico, como se puede ver en la imagen 7.1.

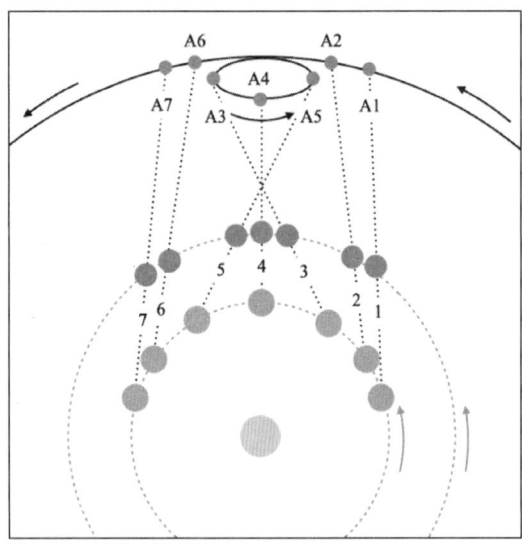

Imagen 7.1. Explicación gráfica de la retrogradación de Marte. En el diagrama aparece el Sol, la Tierra como planeta más interno y Marte como el más externo representando la perspectiva con el que se observa el planeta en el cielo y su movimiento aparente. (Créditos: A. Pérez-Verde)

Sin embargo, si se toma la Tierra como centro, la explicación de este movimiento aparente se vuelve mucho más compleja, ya que se deben introducir los epiciclos y deferentes que Claudio Ptolomeo definió en su *Almagesto*.

Cuando el sistema geocéntrico todavía no había sido desbancado, Galileo Galilei utilizó un pequeño telescopio de unos pocos aumentos para realizar la primera observación astronómica documentada a través de ese instrumento, según se vio en el capítulo 2. Aquello sucedió en el año 1609 y, al año siguiente, en 1610, es cuando aparecen las primeras documentaciones del propio Galileo observando Marte, aunque con los escasos aumentos que ofrecía, no pudo ver más que un punto rojo brillante. Con el paso de los años los telescopios aumentaron en potencia y precisión, y ese mismo siglo, en el año 1659, el astrónomo neerlandés Christiaan Huygens logró distinguir algunas características de Marte, como la extensa región de Syrtis

Major; también se sabe, gracias a los dibujos que realizó, que pudo apreciar uno de los dos casquetes polares.

En el siglo siguiente, en 1784, el astrónomo británico William Herschel realizó observaciones de Marte centrándose en su atmósfera, aunque de manera colateral también obtuvo datos del eje de rotación del planeta[44], llegando a un valor de 28º 42' cuando el tomado hoy como válido es 25º 11', considerada una aproximación sorprendente ya que la instrumentación que usó no era de gran precisión. Muchas de sus observaciones están documentadas y algunas de ellas también ilustradas. Al igual que Huygens, Herschel también plasmó en sus bocetos la zona de Syrtis Major y el casquete polar sur, pero a diferencia del neerlandés, el británico también logró observar el casquete polar norte, que es mucho más reducido. Herschel daba por hecho que Marte era un planeta habitado, ya que pensaba que debido a la atmósfera que intuía que cubría a nuestro planeta vecino, sus habitantes tendrían una situación climática muy similar a la que se tiene en la Tierra.

Pasados casi cien años, concretamente en el verano de 1877, se produjo un gran acercamiento de Marte situándose a una distancia de algo menos de 56 millones de kilómetros. Antes de ese día, el 10 de agosto, el astrónomo estadounidense Asaph Hall observaba Marte desde el telescopio del Observatorio Naval de Estados Unidos. Apreció lo que podría ser una luna, aunque las malas condiciones meteorológicas hicieron que no pudiese tomar más datos. Al día siguiente tuvo mayor suerte debido a que el cielo había despejado y pudo certificar el descubrimiento del satélite hoy conocido como Deimos. Hall pudo haber parado ahí, pero su curiosidad le hizo seguir observando y el 17 de agosto descubrió un nuevo satélite, hoy conocido como

---

[44] *Philos. Trans. R. Soc.,* 74, 233-273 (1784).

Fobos. Tras el descubrimiento, Hall nombró a las lunas como Stickney y Swift, en honor a su esposa, Chloe Angeline Stickney Hall, y al astrónomo Lewis Swift. Al año siguiente, el profesor de ciencias Henri Madan propuso los nombres de Fobos y Deimos por estar relacionados con el mito de Ares, representando a los hijos que tuvo con Afrodita y que eran las personificaciones del temor y el terror, respectivamente. Con las misiones que se han enviado a Marte, se conocen sus tamaños con exactitud. Con respecto al mayor de ellos, Fobos, tiene unas dimensiones de 27 × 22 × 18 kilómetros; en el caso de Deimos, el menor, tiene unas dimensiones de 15 × 12 × 11 kilómetros. Como se puede ver, su tamaño es diminuto si se compara con el del planeta al que orbitan.

¿Cómo se formaron esas dos lunas? Una de las hipótesis más aceptadas para explicar su origen se publicó hace relativamente poco, en 2021. Según el estudio[45] que expone esta idea, las dos se formaron a partir de un único cuerpo. Para comprender esta teoría, primero es necesario realizar un pequeño análisis acerca del movimiento actual de Fobos y Deimos. En el caso de Fobos, se mueve a unos 6.000 kilómetros de la superficie de Marte con la particularidad de que se está acercando cada vez más. Por otro lado, Deimos, está orbitando a unos 20.000 kilómetros y, al contrario que Fobos, se está alejando. Conociendo el tamaño y la órbita que describen ambas lunas se pueden obtener datos como la masa o la densidad de estos dos objetos y, al estar uno acercándose y el otro alejándose, los investigadores han calculado que, en una horquilla de tiempo comprendida entre los 1.000 millones de años y los 2.700 millones de años, ambos objetos compartían la misma órbita. El intervalo de tiempo es tremendamente alto, pero lo relevante es que según

---

[45] *Nat. Astron.*, 5, 539-543 (2021).

esta hipótesis los dos objetos podrían haber formado parte de un único cuerpo. Se cree que ese objeto primordial pudo haber sufrido un impacto por parte de otro cuerpo de tamaño considerable. Entonces, algunas de las partículas desprendidas se precipitaron contra Marte formando una serie de cráteres en una misma época, algo que resulta coherente debido a la similitud en la datación de muchos impactos en la superficie marciana. Los dos trozos más grandes quedaron en órbita, entrando uno de ellos en una trayectoria de acercamiento, Fobos, mientras que el otro lo hizo en una órbita de alejamiento, Deimos.

Llegará un momento en el que Fobos se acerque a una distancia de Marte conocida como Límite de Roche y cuando se sitúe por debajo de ese valor, las fuerzas gravitatorias de Marte harán que esta luna se haga pedazos y los fragmentos queden, o bien formando un pequeño anillo alrededor del planeta o, quizás, se precipiten contra la superficie formando nuevos cráteres en lo que será un bombardeo de meteoritos. En el caso de Deimos se alejará tanto del planeta que escapará a su campo gravitatorio y quedará orbitando alrededor del Sol en lugar de al planeta rojo. Por lo tanto, habrá un momento en el que Marte deje de tener lunas.

Sin salir de aquel año de 1877, es relevante la figura de Giovanni Schiaparelli. Nacido en la localidad italiana de Savigliano en 1835, es conocido principalmente por su faceta de astrónomo, ya que incluso desde niño mostró un gran interés por el estudio del cielo. Destaca que con siete años observó detalladamente el eclipse solar total del 8 de julio de 1842, aprovechando que la totalidad pasaba por su casa. Algo más mayor, con veinticinco años, ya era el segundo astrónomo del Observatorio del Palacio de Brera en Milán (Italia). También fue quien estableció la relación existente entre las lluvias de estrellas y los cometas como cuerpos progenitores, conclusión publicada en 1867 basándose en datos observados durante una lluvia de estrellas de las Perseidas, relacionándola con el cometa 109P/Swift-Tuttle. Aparte de todo esto, Schiaparelli se hizo un importante hueco entre los astrónomos de la época debido a la precisión de las anotaciones que realizaba cuando observaba, demostrando que dominaba el telescopio con destreza. Fue especialmente destacada su labor en el campo de las estrellas dobles, donde la precisión en los datos fue fundamental y sirvió de ayuda a otros muchos astrónomos.

Sin ser su campo principal de estudio, Schiaparelli esperaba el gran acercamiento de Marte de aquel 1877, ya que quería poner a prueba el telescopio Merz de 8,6 pulgadas situado en el Observatorio de Brera. Con este telescopio ya había observado estrellas dobles y era consciente de la potencia que ofrecía. Aun así, quería poner a prueba la capacidad del instrumento óptico con el planeta Marte para intentar ver algún detalle en superficie y comparar lo obtenido con lo que ya había publicado. Cuando llegó el momento, Schiaparelli sintió cierta decepción porque el telescopio no ofrecía tanto detalle sobre Marte como él hubiese deseado. A pesar de eso, su gran afán por aportar conocimiento al estudio de Marte lo llevó a dibujar un mapa del planeta rojo con todos los detalles que había observado. Uno de estos mapas, que puede verse en la imagen 7.2, fue tenido en cuenta por la comunidad científica debido a la precisión de las medidas que había tomado previamente de estrellas dobles con ese mismo telescopio. Schiaparelli representó sesenta y dos puntos de interés en la superficie de Marte, creando el mapa más preciso hasta la fecha. Incluso nombró algunas características que hoy todavía se utilizan, como Syrtis Major, Hellas Planitia o Tharsis, entre otras muchas.

A pesar de tener el mapa dibujado, el curioso astrónomo italiano siguió observando Marte, llegando a apreciar ciertos ras-

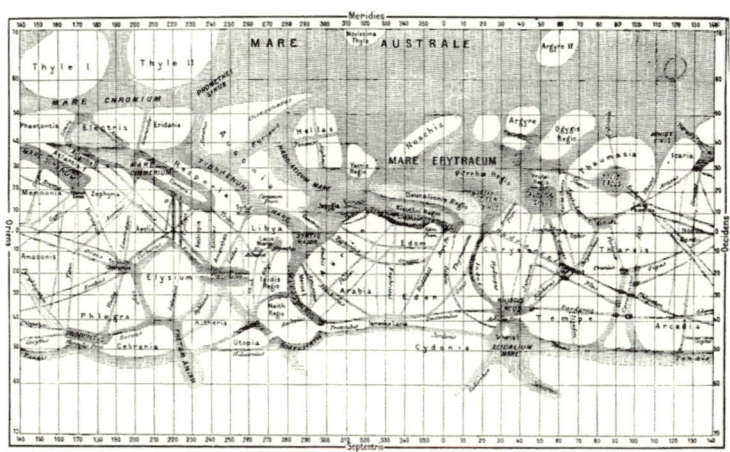

Imagen 7.2. Mapa de Marte elaborado por Giovanni Schiaparelli entre
1877 y 1886. (NASA publication SP-4212, On Mars: Exploration of the
Red Planet. 1958-1978. ch. 1-2)

gos lineales que los definió, utilizando el término *canali* para referirse a aquellas características naturales que se habrían formado
en Marte. Es necesario resaltar lo de naturales, es decir, Schiaparelli pensaba que aquellos *canali* habían sido formados a partir
de fenómenos geológicos. En ellos observó formas diversas que
tenían en común que muchos se comunicaban entre ellos, tejiendo una red que parecían unir zonas que van desde los 60°
de latitud norte con zonas de esa misma latitud situadas en el
hemisferio sur. Toda esta red, al principio no fue aceptada por la
comunidad científica, pero conforme otros astrónomos fueron
confirmando la presencia de los *canali* que unían las dos zonas
de Marte fue tenida en cuenta y se dio por válida. Uno de los
astrónomos que lo confirmó fue el británico Charles Burton,
quien observó Marte en la oposición de 1879, no tan cercana
como la de dos años atrás, aunque le bastó para confirmar su
existencia. Burton los dibujó, pero, para su sorpresa, su disposición era completamente distinta a la representada por Schia-

parelli. Para defender sus observaciones alegó que aquellas formaciones cambiaban con las estaciones.

Hubo un hecho clave y es que los *canali* los tradujeron al inglés como *canal,* no como *channel* que era lo más apropiado, debido a que esta última hace referencia a un canal creado de manera natural, mientras que *canal* indica la creación artificial. Es decir, *canal* indica que fueron construidos por una civilización por lo que la controversia estaba servida. Schiaparelli no había dejado de observar Marte y, según parece ser, se vio influenciado por el sensacionalismo de la presencia de habitantes inteligentes en Marte propiciada por los *canals.* Comenzó a abrazar la idea de estructuras artificiales llegando a observar incluso características paralelas en la superficie del planeta rojo, algo que también fue confirmado por otros observadores. Algunos astrónomos afirmaron incluso haber visto cultivos, debido a que determinadas regiones de Marte cambiaban de color estación tras estación. Uno de los mayores defensores de los canales construidos de manera artificial fue el astrónomo estadounidense Percival Lowell. Para demostrarlo, en 1894, fundó el Observatorio Lowell en Flagstaff (Estados Unidos), que sigue activo hoy en día. Observando Marte con detalle, Lowell dibujó un detallado mapa con los canales que observó. Logró difundir sus ideas de tal forma que se aceptó que los marcianos eran una civilización capaz de construir todas aquellas estructuras, llegando a publicar tres libros donde describe todo el entramado de canales marcianos[46].

Muchos astrónomos y científicos quedaron convencidos de la existencia de aquellas estructuras construidas por una civilización inteligente, aunque no todos. Los científicos británicos

---

[46] Los libros fueron: *Mars,* en 1895, *Mars and its canals,* en 1906, y *Mars as the abode of life,* en 1908.

Joseph Evans y Edward Maunder realizaron un sencillo experimento cuyos resultados[47] desmontaron toda la red de canales, asegurando que allí no había tales construcciones. El experimento consistía en crear un disco de un color uniforme similar al de Marte y alejarlo lo suficiente como para que tuviese el mismo tamaño que mostraba el planeta rojo a través del telescopio. Con estos preparativos, los voluntarios que quisieron participar en el experimento debían dibujar lo que veían en el disco. El resultado del experimento desveló que los participantes habían representado una serie de ilusiones ópticas, ya que plasmaron puntos unidos con líneas, donde cada participante representó un entramado totalmente distinto al de los otros. Esto explica la no coincidencia de las líneas que veía cada uno de los astrónomos en la superficie de Marte. Tanto los voluntarios del experimento como los astrónomos que habían observado Marte, tan solo dibujaron lo que su cerebro les ordenó, ya que está preparado para interpretar patrones, incluso cuando no existen. A raíz de aquel experimento aumentó la cantidad de científicos que no defendía la existencia de los canales. Por otro lado, la fiebre marciana de imaginar a los seres inteligentes que habitaban el planeta vecino fue desapareciendo y, a finales de la década de 1920, ya se sabía, o al menos se intuía, que Marte era un mundo árido, despoblado y hostil.

De lo que no había duda era de que Lowell había despertado la curiosidad en muchísima gente para saber más sobre Marte y, aunque ya no se pensaba en marcianos, sí que se planteó cómo sería viajar allí. Tanto que en 1960 se inició la carrera por conquistar Marte.

* * *

---

[47] *MNRAS*, 63:8, 488-499 (1903).

Para lanzar una misión a Marte hay que elegir el momento oportuno. Con el fin de ahorrar combustible y optimizar el tiempo de viaje, existen ventanas de lanzamiento que se producen aproximadamente cada dos años y duran alrededor de un mes. Suelen comenzar cuando faltan pocos meses para la oposición del planeta rojo, es decir, cuando se alinean el Sol, la Tierra y Marte, y ese momento coincide aproximadamente con la mitad del viaje. Así pues, aprovechando la disposición planetaria adecuada, un viaje a Marte puede durar alrededor de seis meses, aunque pueden llegar a ser algo más de ocho meses, como en el caso de la misión MSL (Mars Science Laboratory) del rover Curiosity; también se puede reducir aproximadamente a cuatro meses, como en el caso de la misión Mariner 7.

Las primeras ventanas de lanzamiento que se aprovecharon para viajar a Marte fueron las de 1960 y 1962, donde la URSS envió cinco misiones, aunque con idéntico resultado: todas fallaron. En la siguiente ventana, la de 1964, la URSS volvió a lanzar, pero esta vez también haría lo propio Estados Unidos, cuyos mayores esfuerzos estaban centrados en el programa Apolo para conquistar la Luna, tal y como se vio en el capítulo 6. Sin embargo, dedicó parte de los esfuerzos al programa Mariner, lanzando las misiones Mariner 3 y Mariner 4, donde la segunda de ellas tuvo éxito al sobrevolar el planeta rojo y enviar algunas imágenes que mostraban ciertos detalles en superficie.

El primer gran éxito de la exploración marciana se produjo en la ventana de 1971, con la misión estadounidense Mariner 9. Llegó a la órbita marciana pasados algo más de cinco meses desde su lanzamiento, logrando enviar imágenes de la superficie de Marte, las más detalladas hasta el momento. Por primera vez se pudieron ver antiguos cauces de río y el gran cañón de Marte situado aproximadamente sobre el ecuador marciano, que recibe el nombre de Valles Marineris en honor a esta sonda. En esa misma ventana de lanzamiento también se produjo otro hito en la exploración del planeta rojo, ya que fue la primera vez que un artilugio hecho por el ser humano tocó la superficie. Se trata de la misión soviética Mars 2, que tocó suelo marciano el 27 de noviembre de 1971. Es cierto que se estrelló debido a que no pudo controlar el descenso, pero no deja de ser el primer objeto fabricado por un ser humano que llegó a la superficie. Pocos días más tarde, el 2 de diciembre de 1971, la también misión soviética Mars 3 tocó la superficie de Marte, aunque en este caso el aterrizaje sí que fue controlado y la sonda se posó correctamente en la superficie, desplegando un pequeño rover que apenas funcionó unos segundos, tiempo suficiente como para enviar una fotografía desde la superficie y, aunque es considerada como ruido, no deja de ser la primera imagen transmitida desde la superficie marciana. Con todo ello, la misión fue considerada un éxito.

Con respecto a la URSS, posteriormente Rusia, prácticamente se acabaron los éxitos relacionados con la exploración del planeta Marte con la excepción del orbitador TGO (Trace Gas Orbiter), que llegó a órbita marciana en 2016. Para ello, la Agencia Espacial Europea contó con Roscosmos, la agencia espacial rusa, para llevar a cabo el proyecto.

Volviendo atrás en el tiempo, hubo dos misiones de la NASA lanzadas en la ventana de 1975 con pocos días de diferencia. Ambas resultaron un rotundo éxito: las Viking. La primera llegó en julio de 1976, mientras que la segunda lo hizo en septiembre de ese mismo año. Eran dos misiones compuestas cada una de ellas por un orbitador del cual se desprendía un aterrizador y, en ambos casos, los dos orbitadores y los dos aterrizadores funcionaron con éxito. Estuvieron operativas varios años y fueron consideradas como los primeros grandes éxitos en Marte hasta aquel momento, debido a la cantidad de datos que enviaron a la Tierra. Por primera vez se pudo observar con gran detalle la superficie de Marte gracias a las imágenes tomadas por los aterrizadores. Al hablar de estas misiones, también suele salir a colación uno de los grandes fiascos de la NASA relacionado con la no-detección de vida. El investigador principal de los experimentos astrobiológicos, Harold P. Klein, sugirió a la NASA no realizar pruebas de detección de vida en la primera misión, debido al desconocimiento de las propiedades del suelo marciano. Aun así, los experimentos se llevaron a cabo y el resultado fue un falso positivo generado por la inesperada reactividad del suelo. Esto supuso un jarro de agua fría, pero permitió extraer una conclusión clave para el diseño de futuras misiones. La consecuencia directa de este resultado fue una interrupción de casi dos décadas en la exploración robótica de Marte en superficie. La misión Pathfinder, que se hablará de ella a continuación, puso fin a ese lapso.

La década de 1980 pasó sin pena ni gloria en lo que a exploración marciana se refiere. En la de 1990, de las ocho misiones que se enviaron, tan solo dos resultaron exitosas, ambas estadounidenses. Por un lado, el orbitador Mars Global Surveyor, que llegó a Marte en septiembre de 1997, estando activo durante casi nueve años; la otra misión fue la Mars Pathfinder, consistente en un aterrizador y un pequeño vehículo. La duración de la misión estaba estimada en algunas semanas, como máximo un mes. Ante la sorpresa de muchos, estuvo operativa durante casi tres meses, resultando un éxito rotundo. El aterrizador fue bautizado como Carl Sagan Memorial Station, en honor al carismático astrofísico Carl Sagan, fallecido poco después del lanzamiento. Con respecto al rover, recibió el nombre de Sojourner en honor a la estadounidense Sojourner Truth, nacida bajo la esclavitud a finales del siglo XVIII y símbolo del activismo por los derechos de la mujer. También en esta década de 1990 un nuevo actor se incorporó a la carrera espacial por conquistar Marte: Japón. Con su sonda Nozomi intentó entrar en órbita marciana, aunque no lo consiguió. El siglo XXI está siendo la época dorada de la exploración marciana, al menos hasta el momento. Aparecieron nuevos actores en la carrera por alcanzar el planeta rojo como la Agencia Espacial Europea. Se estrenó con el orbitador Mars Express, llegando a Marte en la Navidad de 2003 y todavía sigue activa a fecha de edición de este libro. China también quiso entrar en la carrera en 2011 con la misión Phobos-Grunt, en colaboración con Rusia, pero un fallo en el lanzamiento hizo que el cohete no saliera de la órbita de la Tierra. Otro país que se incorporó fue India, en 2013, con el orbitador Mars Orbiter Mission que estuvo activo orbitando Marte hasta 2022. Emiratos Árabes Unidos también se unió a esta carrera en 2020 con la misión Hope Mars, activa a fecha de edición de este libro. Se trata de un orbitador de construcción estadounidense y operado por científicos estadounidenses, donde el país emiratí contribuyó casi exclusivamente a nivel económico.

Lo transcurrido de siglo XXI puede considerarse como la época de los grandes rover en lo que a exploración marciana en superficie se refiere. Los dos primeros en ser lanzados fueron los gemelos Spirit y Opportunity, aterrizando a principios de 2004 con un sistema de airbags que, es cierto, ya había sido usado en la Pathfinder, pero nunca en misiones de tanta masa como estos rover. Realizaron grandes descubrimientos, sobre todo relacionados con la presencia de agua pasada en la superficie. Iban destinados a explorar el planeta rojo a lo largo de tres meses, pero duraron mucho más. En el caso de Spirit, estuvo más de siete años, mientras que Opportunity duró prácticamente el doble de tiempo. Esto convierte al rover Opportunity en el ingenio humano mejor diseñado de la historia, al menos hasta la fecha. El éxito de estos vehículos sentó las bases para diseñar un rover mucho mayor, el Curiosity, mucho más sofisticado y cargado de instrumental. Llegaría a Marte en 2012 con una maniobra de aterrizaje digna de una película de ciencia ficción. El éxito de este gran rover invitó a diseñar un nuevo vehículo, prácticamente del mismo tamaño, al que llamaron Perseverance, que iba acompañado de un demostrador tecnológico en forma de helicóptero bautizado como Ingenuity, llegando a Marte en 2021. El pequeño dron superó todas las expectativas ya que no estaba previsto que hiciese más de cuatro o cinco vuelos y, en total, realizó setenta y dos, acumulando más de dos horas de vuelo y cubriendo una distancia de más de diecisiete kilómetros.

A pesar de que el helicóptero ya dejó de funcionar, los rover Curiosity y Perseverance siguen operativos a fecha de edición de este libro. Entre estos cuatro grandes rover —aunque Spirit y Opportunity pueden parecer pequeños al lado de Curiosity y Perseverance—, además de desentrañar grandes misterios relacionados con el agua en Marte en las regiones del cráter Gusev y las montañas Columbia —en el caso de Spirit— y Meridiani Planum —en el caso de Opportunity—, también están caracterizando grandes regiones del cráter Gale en el caso de Curiosity, y del cráter Jezero en el caso de Perseverance. Muchas de las investigaciones que se están realizando van orientadas a caracterizar la habitabilidad presente y pasada de Marte y así reunir evidencias que permitan responder a la pregunta de si hay o hubo vida en el planeta rojo. Un quinto gran rover ha visitado Marte, en este caso no estadounidense sino chino. Se trata del rover Zhurong de la misión Tianwen-1, que llegó a Marte en 2021 y está compuesta por un orbitador y un rover, funcionando ambos con éxito hasta la fecha, aunque la misión, según expertos en exploración marciana, podría haber sido más exitosa todavía de haber utilizado baterías termonucleares como Curiosity o Perseverance, ya que este rover utiliza paneles solares que, debido a su gran tamaño, lo hace en cierto modo ineficaz debido al gran consumo de energía que requiere.

Aunque los grandes rover están siendo los protagonistas de este siglo XXI en lo que a exploración marciana se refiere, también ha habido otras misiones que merecen ser destacadas, como por ejemplo la misión Phoenix de la NASA, un aterrizador que iba equipado con una pequeña pala que en 2008 comprobó que a pocos centímetros de profundidad había hielo de agua. También hay que hacer mención al aterrizador InSight de la NASA, una sonda que incorporaba, entre otras cosas, un sismómetro que permitió conocer el interior de Marte con una precisión nunca vista. Por último, reconocer el trabajo del orbitador Mars Reconnaissance Orbiter de la NASA, que, con su sistema de cámaras, sobre todo HiRISE, lleva fotografiando Marte desde 2006 y que sigue operativa a fecha de edición de este libro.

* * *

En un pasado remoto, hace varios miles de millones de años, Marte tenía una atmósfera mucho más densa de la que tiene en la actualidad. Más adelante, en este mismo capítulo, se verá cómo pudo perderla hasta llegar a la tenue capa gaseosa que posee hoy en día. Debido a la escasa presión atmosférica, unas ciento sesenta veces más tenue en Marte que en la Tierra, y con unos valores aproximados de 6,10 hPa y 1.013,25 hPa, respectivamente, hace que en el planeta rojo sea inviable tener agua en estado líquido en superficie. Esa débil atmósfera hace que apenas retenga el calor procedente del Sol, haciendo de Marte un lugar frío, muy frío, donde la temperatura media ronda los -50 ºC y las máximas, rara vez superan el umbral de los 0 ºC. En el caso de las mínimas, llegan a bajar hasta los -130 ºC y, en cuanto a la composición química, la mayor parte de la atmósfera actual está compuesta de dióxido de carbono (95 %). El resto está formado por nitrógeno molecular (2,8 %) y argón (2 %). El 0,2 % restante lo completan trazas de vapor de agua, monóxido de carbono y otros compuestos.

Existe un efecto que provoca la atmósfera marciana: los vientos. Es cierto que son de una velocidad alta, tanto que incluso pueden llegar a alcanzar los 200 kilómetros por hora, aunque su intensidad es extremadamente baja debido a la escasa presión atmosférica. Es decir, un viento de esas velocidades en Marte tendría una intensidad equivalente a la de una suave brisa marina en la Tierra. A pesar de eso, el viento marciano interactúa con el polvo depositado en la superficie, porque la morfología de las partículas de polvo marciano se parecen más al humo que al polvo tal y como lo conocemos en la Tierra, por lo que mover esas partículas no requiere mucha energía. Además, tiene un comportamiento muy singular ya que, bajo algunas longitudes de onda, la presencia de polvo puede disminuir la temperatura en superficie, pero en el rango infrarrojo ocurre todo lo contrario y hace que la temperatura aumente. Entonces, cuando en Marte hay alta concentración de polvo en suspensión, la temperatura disminuye durante el día y aumenta por la noche debido a la radiación infrarroja. Estos cambios de temperatura provocan una inyección de polvo en la atmósfera desde la superficie debido a los vientos que se forman, por lo que es un proceso que se retroalimenta.

El gran exponente del polvo en suspensión está en las tormentas globales de polvo, donde prácticamente todo el planeta queda cubierto. Los científicos saben que se forman a través de células en forma de tormentas locales que evolucionan en algunos casos hacia tormentas globales, aunque no conocen el mecanismo exacto que desencadena que pasen de locales a globales en tan solo unos soles[48]. Lo que sí saben es que estas grandes tormentas se originan en el hemisferio sur y, paulatinamente, van cubriendo la zona tropical de ese hemisferio. Después, se propagan hacia el hemisferio norte para terminar cubriendo prácticamente todo el planeta. Por otro lado, algo necesario para que se desencadenen estos fenómenos es que los depósitos de polvo de Marte estén cargados, siendo el principal de estos reservorios la región del gran cráter de Hellas Planitia.

El proceso de las tormentas globales de polvo parece que se inicia cuando Marte se acerca a su equinoccio de primavera en el hemisferio sur. Ahí, el casquete polar sur enfría los vientos que se dirigen hacia el ecuador del planeta. Por otro lado, en la zona ecuatorial se generan vientos cálidos, por lo que los vientos procedentes del polo y los procedentes del ecuador, interactúan en la zona tropical sur de Marte, lugar donde se encuentra Hellas Planitia. Si en esta región hay depositado polvo en grandes cantidades, la interacción de los dos vientos provoca corrientes verticales, que son las encargadas de inyectar el polvo en la atmósfera, y la retroalimentación hace el resto. En cuanto al tema de la periodicidad de aproximadamente tres años de estas tormentas, lo intenta explicar un estudio[49] que analiza la posición orbital exacta y, basándose en simulaciones, lograron predecir las tormentas que se produjeron y se producirían entre 1920 y 2030, habiendo coincidencia en la inmensa mayoría de ellas.

A nivel atmosférico también se encuentran los *dust devils* o demonios de polvo, que son una especie de torbellinos que recorren la superficie marciana, pudiendo llegar a ser hasta cincuenta veces más anchos y diez veces más altos que los que se

---

[48] Un "sol" o día marciano es el tiempo que dura un día completo en Marte y tiene el valor de 24 horas, 37 minutos y 35 segundos.

[49] *P&SS,* 141, 45-72 (2017).

forman en la Tierra. Estos remolinos marcianos han sido de gran ayuda para algunas misiones alimentadas a través de placas solares, como los rover Spirit y Opportunity. Los vientos de estos *dust devils* limpiaron en varias ocasiones los paneles cuando pasaron por encima y aquello provocó que pudiesen captar mucha más luz y, por lo tanto, alimentar el vehículo de un modo mucho más eficaz.

Para terminar con la parte atmosférica de Marte, existe un compuesto que ha sido detectado, presuntamente, en el aire marciano y que siempre que se detecta se producen noticias al respecto. Cómo no, se trata del metano marciano. En la Tierra, es un gas que está muy bien caracterizado y se sabe que en su mayor parte está producido por mecanismos bioquímicos, es decir, por organismos vivos; aunque también existe metano que ha sido producido por mecanismos geoquímicos, es decir, por procesos que no están relacionados con la presencia de vida. Pero en Marte no se ha detectado ningún proceso bioquímico relacionado con la producción de metano y sí algunos mecanismos geoquímicos que lo liberan. Es decir, en Marte no se ha encontrado ninguna forma de vida ni nada que se le parezca y sí procesos geológicos que han podido liberar este gas a la atmósfera, aunque lo extraño es que las cantidades detectadas en Marte varían en gran medida. Según un estudio[50] se han llegado a detectar valores superiores a 3,0 ppbv (partes por mil millones en volumen), alcanzando picos que se elevaban hasta las 7,6 ppbv. Sin embargo, al descartar los picos se ha visto una fuerte dependencia estacional, alcanzando los máximos valores medios a finales del verano marciano en el hemisferio norte, aunque estos valores están circunscritos al cráter Gale, próximo al ecuador, que es donde los datos fueron tomados por el rover Curiosity.

---

[50] *Sci.,* 360:6393, 1093-1096 (2018).

Al principio de hablar de metano he querido matizar lo de "presuntamente", porque realmente la comunidad científica no está del todo segura de que los valores de metano detectados por Curiosity sean reales y que solo sean el resultado de falsos positivos. Para contextualizar la controversia relacionada con el metano hay que remontarse a 2013, en los meses de junio y diciembre. En esos meses, el rover Curiosity detectó dos oleadas de metano que concluyeron que los valores detectados se correspondían con una dependencia estacional tal y como se ha dicho. Ahora bien, a finales de 2019 se publicó una investigación[51], con datos procedentes del orbitador europeo Mars Express, donde se presenta una confirmación de detecciones de metano, dando un enfoque hacia los lugares en los que se podría liberar este gas. En su día, los científicos pensaron que sería una buena idea monitorizar las emisiones de metano en el cráter Gale para poder comparar los datos tomados desde órbita con los detectados en superficie por el rover Curiosity. La sonda Mars Express detectó un pico de 15,5 ppbv de metano el 16 de junio de 2013, poco después de que Curiosity detectase su pico de casi 6,0 ppbv. Para ponerlo en contexto, los niveles de fondo de metano suelen estar entre los 0,24 ppbv y los 0,65 ppbv, por lo que la detección del rover tuvo su contrapartida con datos obtenidos desde órbita por la sonda Mars Express. Sin embargo, el orbitador europeo TGO que lleva orbitando Marte desde 2016, y que forma parte del programa ExoMars, también puede detectar metano, pero, ante sorpresa de todos, no detecta ningún rastro de este gas. Como se ha dicho antes, lo del metano marciano hay que tomarlo con mucha cautela.

Antes de abordar el porqué de la no detección por parte de TGO, cabe destacar que la presencia de metano parece ser que

---

[51] *Nat. Geosci.*, 12, 326-332 (2019).

no solo tiene dependencia estacional, sino también dependencia del día con respecto a la noche según un estudio[52] publicado en 2021. En el estudio se plantea una hipótesis liderada, entre otros científicos, por mi buen amigo Jorge Pla-García[53], investigador en el Centro de Astrobiología (CSIC-INTA). Esta idea apunta a que el rover Curiosity tan solo detecta metano a ras del suelo durante el período nocturno. Por las mañanas, el metano se reduce en tal medida que el rover no lo puede detectar y se cree que el causante de esta variación podría ser el viento. Por la noche, soplan vientos que descienden por los bordes del cráter, haciendo que el metano se quede en su interior; por el día, el viento parece ser que vira y provoca la ascensión por los bordes, llevándolo consigo, y ese podría ser el motivo por el que el rover no lo detecta. Para corroborar esto, será necesario establecer un modelo que elimine el metano próximo al suelo y así evitar el ascenso a través de la atmósfera. Así se explicaría la ausencia de metano medida por la sonda TGO, debido a que los sistemas que incorpora no son capaces de medir este gas en alturas inferiores a los tres kilómetros. De esta forma, se solucionaría el dilema, aunque parte de la comunidad científica, Pla-García entre ellos, cree que, para que no exista un transporte de metano desde el suelo a capas altas de la atmósfera para ser detectado por TGO, debería haber un fortísimo y rapidísimo mecanismo de destrucción del metano cerca del suelo que podría estar relacionado, según apuntan varios estudios, con las sales de percloratos que destruiría el metano, aunque es tan solo una hipótesis.

* * *

---

[52] *A&A,* 650, A166 (2021).

[53] *J. Geophys. Res. Planets,* 124:8, 2141-2167 (2019).

Otro tema que siempre revoluciona no solo las noticias científicas sino también las que tienen alcance en el público general, son las relacionadas con el agua en Marte, sobre todo las que muestran indicios de agua en estado líquido ya sea de forma transitoria en la superficie o de forma permanente en el subsuelo. Sin embargo, gracias a las misiones que se han podido desplegar allí se sabe que, en un pasado remoto, Marte tenía agua en superficie en grandes cantidades, incluso albergó un gran océano que dominaba gran parte del planeta. Una de las pruebas que lo confirman es que las zonas de cotas más bajas de la superficie presentan cráteres más jóvenes que las regiones más elevadas, algo que sustenta esta hipótesis debido a que las cotas más bajas deberían estar protegidas por algo, como, por ejemplo, una gran masa de agua. Ese es el motivo por el que ciertas regiones del planeta rojo no tienen cráteres cuya edad supere un cierto umbral, ya que comenzaron a registrarse cuando Marte perdió toda su agua líquida en superficie. Con estos datos se puede deducir que prácticamente todo el hemisferio norte estaba cubierto por un gran océano.

Los primeros datos de agua en Marte se remontan al año 1659, cuando el matemático, físico y astrónomo neerlandés Christian Huygens observó Marte con uno de sus telescopios y al pasar a papel lo que veía, dibujó un casquete polar. Hubo que esperar más de tres siglos para tener imágenes reales de las consecuencias de las aguas líquidas en superficie. Fue gracias a las enviadas por la sonda estadounidense Mariner 9, en 1971, donde se apreciaban antiguos lechos lacustres y fluviales, además del gran cañón Valles Marineris. A partir de ese momento, a lo largo de la historia de la exploración de Marte se han obtenido datos que apuntan a la presencia de agua líquida, tanto en el presente como en el pasado.

Una de las pruebas que apuntan a la existencia de agua líquida, en este caso en el presente de Marte, son las líneas recurrentes de pendiente o RSL (Recurring Slope Lineae), que son unas marcas que aparecen en las laderas de algunos cráteres, concretamente en los flancos que están orientados al ecuador, independientemente del hemisferio en el que se encuentren[54]. Tienen en común que aparecen en las épocas cálidas y siempre en cráteres de reciente formación. En épocas de altas temperaturas —valores que están por encima de -23 °C— el agua pasa de estado sólido a gas, condensando y empapando el material que tiene justo encima para evaporarse en cuestión de segundos. Precisamente, por la escasa atmósfera que presenta Marte, las aguas en estado líquido son inestables y pasan de sólido a gas. Los materiales arenosos estabilizan momentáneamente esa transición empapándolos, pudiendo observar los efectos del agua líquida más allá de algunos segundos. Por otro lado, cuando se acaban las reservas de hielo bajo el cráter, no vuelven a aparecer las RSL, siendo ese el motivo de que tan solo aparezcan en cráteres recientes. También es necesario decir que la idea de la descongelación del agua para formar las RSL es una hipótesis y hay otras explicaciones, aunque en la que interviene el agua es la más aceptada por la comunidad científica.

Siguiendo con el agua en Marte, a continuación se verá no un indicio sino una evidencia. Se encuentra en uno de los lugares por los que se movió el rover Opportunity de la NASA. En las inmediaciones del cráter Endurance existe una región que por su morfología recuerda a una zona de sedimentación alterna de materiales secos y húmedos. Pero aparte del aspecto del afloramiento de Burns, que así se llama esa formación, lo que ha evidenciado la presencia de agua fue el hallazgo de un mineral

---

[54] *Icarus*, 231, 365-376 (2014).

llamado jarosita. Este material se conoce en la Tierra, descubierto en el barranco del Jaroso (Almería) y se caracteriza por formarse exclusivamente en presencia de agua, concretamente en aguas muy ácidas que contienen sulfatos de hierro. Con este hallazgo, los científicos han podido determinar que los lagos de Meridiani Planum, allí donde se encuentra el cráter Endurance, tenían un componente intermitente en cuanto a llenados y vaciados, y sus aguas podrían tener un componente ácido importante.

Otro de los antiguos lagos marcianos, también basado en evidencias, es el que existía en el cráter Gale, lugar de aterrizaje del rover Curiosity en 2012. Un impacto provocó este cráter, que cuenta con un diámetro de unos ciento cincuenta kilómetros. Este rover, ya desde los primeros soles desde su llegada, detectó antiguos lechos fluviales con su correspondiente erosión acuosa. Además, con el paso de los años, los datos que ha ido obteniendo el vehículo han permitido caracterizar cómo era el ciclo de agua en el cráter. En primer lugar, los científicos quedaron asombrados y desconcertados ante el pico central del cráter llamado Aeolis Mons[55]. Vieron que estaba formado por estratos y plantearon la hipótesis de que podría tratarse de antiguos ríos que arrastraban limos, quedando depositados en el fondo del lago formando un delta y llenando el cráter a modo de lago. Los estratos vendrían porque después de un llenado, tendría lugar un vaciado, ciclo que se repetiría a lo largo del tiempo, depositando en cada uno de estos ciclos una nueva doble capa de sedimentos sobre el delta. Analizando la disposición de los estratos, cada fase de llenado y vaciado pudo producirse cada decenas de miles o incluso cientos de miles de años. Con el paso del tiempo, el lecho

---

[55] En la NASA en ocasiones hacen referencia a Sharp Mount (Monte Sharp) para referirse a Aeolis Mons.

original del cráter fue desapareciendo y adquiriendo un nuevo aspecto. Allí se aprecian dos tipos de erosiones: la erosión por agua, de cuando el lago estaba lleno, y la erosión por viento, de cuando el lago estaba vacío. Por lo tanto, los dos tipos de erosión aparecen intercalados unos con otros. Los científicos también han encontrado evidencias de que cuando el cráter estaba en mínimos de agua, sobre el lecho se formaban pequeños estanques de agua dulce con un pH neutro y con presencia de los elementos químicos fundamentales para la vida[56].

Más recientemente, en febrero de 2021, el rover Perseverance aterrizaba en el cráter Jezero, de cuarenta y siete kilómetros de diámetro. Se eligió este lugar debido a su interés astrobiológico ya que desde órbita se detectaron arcillas y filosilicatos, materiales idóneos para preservar materia orgánica dada la protección que ofrece frente a las condiciones marcianas, siendo por lo tanto un lugar ideal para buscar biofirmas provocadas por hipotéticas formas de vida pasada. Al igual que el cráter Gale, este lugar también se formó a raíz de un impacto y gracias a los análisis que han hecho los científicos basados en los datos del rover, también han confirmado el lecho de un antiguo lago y, además, han podido comprender cómo se comportaba. Se trataba de un lago que, al igual que en el caso del que existía en el cráter Gale y en las inmediaciones del cráter Endeavour, presentaba fluctuaciones, aunque en el caso del cráter Jezero resultó tener una dinámica mucho más compleja, resultando especialmente interesantes las zonas de las laderas o los escarpes del delta que existe junto al borde del cráter hacia el interior. Los datos apuntan a que hace unos 3.700 millones de años, el delta del cráter sufrió inundaciones en su etapa más tardía, desplazando rocas que quedaron depositadas en zonas

---

[56] *Sci.*, 350:6257 (2015).

incluso más allá del propio cráter, indicando la virulencia de estos movimientos de agua[57]. Otra pregunta que se plantearon los científicos era qué alimentaba este lago situado en el interior del cráter. Desde órbita se aprecia que quien suministraba el agua era, al menos, un río donde los materiales de arrastre eran los que favorecían el crecimiento del delta. También se observó desde órbita que el agua no quedaba estancada en el cráter, sino que en ocasiones también había desbordamientos ya que, en lugares dispuestos casi diametralmente opuestos a la entrada de agua, se sitúa una región con un canal de salida que serviría de drenaje del lago. En base a los datos recopilados parece ser que el nivel del agua en el lago subía y bajaba decenas de metros hasta que desapareció por completo hace unos 3.500 millones de años. Existen muchas más características en Marte que apuntan y evidencian la presencia de agua en el pasado. Tratarlos todos ellos sería inviable ya que se podrían escribir libros y libros sobre ello. Aunque cabe destacar que, en la actualidad, de haber agua en estado líquido, se encontraría en el subsuelo.

Una pregunta que se hacen los científicos y que cada vez está más cerca de responder es, por un lado, el motivo por el que Marte perdió su agua; por otro, el origen de las crecidas y disminuciones del nivel de agua que se han detectado con las consiguientes diferencias en los estratos depositados al someterse a procesos erosivos. Los científicos parecen estar de acuerdo en que los efectos erosivos por agua dejaron de producirse hace unos 3.500 millones de años en el cráter Jezero y hace unos 3.300 millones de años en el cráter Gale.

El motivo principal que explica la pérdida del agua en Marte parece ser que está en su interior. Analizando la magnetización de la corteza marciana, los científicos han deducido que

[57] *Sci.*, 374:6568, 711-717 (2021).

los campos magnéticos de Marte estuvieron activos desde hace unos 4.500 millones de años, es decir, prácticamente desde su formación, y perduraron hasta hace unos 3.700 millones de años. En base a los datos obtenidos por la sonda InSight de la NASA, se ha podido conocer con un detalle sin precedentes aspectos de la corteza marciana[58], el manto[59] y el núcleo[60], cuyo esquema está representado en la imagen 7.3. Con esos análisis se pudo deducir que el núcleo interno parece estar en estado sólido, mientras que el núcleo externo hay evidencias que apuntan a que está en estado líquido. Con el movimiento del núcleo externo sobre el interno, las cargas en movimiento producían el campo magnético que rodeaba Marte. Con el tiempo, parece ser que el núcleo interno, el sólido, le fue ganando terreno al líquido o, dicho de otra forma, la parte más profunda del núcleo externo se pudo solidificar. De hecho, actualmente la proporción de núcleo externo con respecto al núcleo interno es muchísimo menor de la que se da en la Tierra. Esa reducción de tamaño también hizo que el número de cargas en movimiento fuese menor, reduciendo la intensidad del campo magnético, un campo que hoy tiene valores residuales y apenas tiene efecto sobre el planeta.

Con un campo magnético tan debilitado, la protección contra radiaciones solares apenas existía, por lo que los efectos erosivos de las radiaciones procedentes del Sol tuvieron efecto sobre la atmósfera, arrastrándola al espacio y haciendo que la presión atmosférica descendiese, hecho que fue confirmado con los datos del orbitador estadounidense MAVEN (Mars Atmosphere and Volatile Evolution), que lleva orbitando Marte desde

---

[58] *Sci.*, 373:6553, 438-443 (2021).

[59] *Sci.*, 373:6553, 434-438 (2021).

[60] *Sci.*, 373:6553, 443-448 (2021).

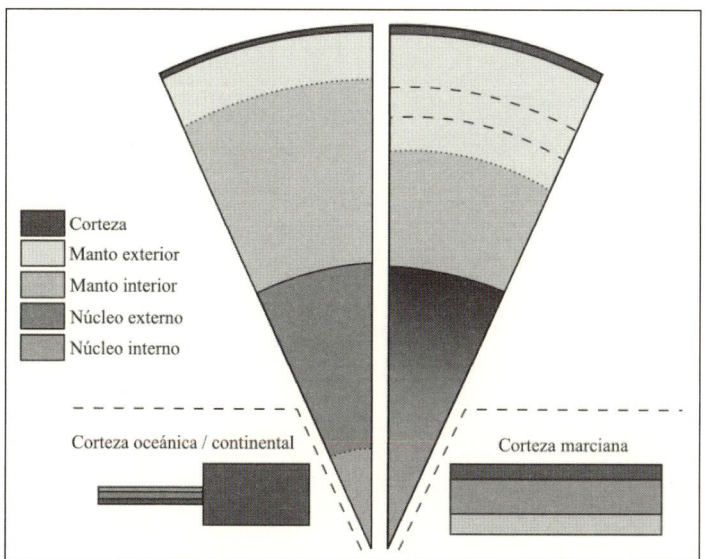

Imagen 7.3. Esquema que muestra a escala las distintas capas del interior de la Tierra (izquierda) y de Marte (derecha), mostrando en detalle las diferentes estructuras de las cortezas. (Créditos: A. Pérez-Verde basado en datos Khan *et al.*, 2021; Knapmeyer-Endrum *et al.*, 2021; y Stähler *et al.*, 2021)

2014 y sigue activa a fecha de edición de este libro. Según los datos de esta misión, cada día Marte pierde toneladas de atmósfera. Tales pérdidas favorecieron la evaporación del agua y, por lo tanto, su desaparición en superficie. Incluso se piensa que los cambios de nivel en las aguas pudieron ser provocados por una pérdida no lineal del campo magnético, donde pudo haber períodos de oscilación en el tamaño del núcleo externo, habiendo épocas con un mayor campo magnético que estabilizaba la atmósfera y su presión, favoreciendo que el agua evaporada volviese a la superficie en forma de lluvias torrenciales. Pero cuando la pérdida de atmósfera superó cierto umbral, la presión atmosférica bajó tanto que los primeros en desaparecer fueron los pequeños lagos, como los de Meridiani Planum y el del cráter

Jezero, que era un poco mayor; después, llegaría el turno de los grandes lagos, como el del cráter Gale; por último, el agua desapareció de los océanos para dejar en Marte un aspecto desértico, que es el que ha llegado hasta hoy. Por otro lado, el agua congelada de los casquetes polares se pudo mantener y gran parte de ella ha llegado a nuestros días. Parece ser que también se conservaron las aguas subterráneas, tanto en forma sólida como líquida, en este último caso en los todavía hipotéticos lagos subterráneos de aguas hipersalinas.

Hoy en día, la búsqueda de agua en Marte sigue siendo una prioridad, ya que la vida, tal como la conocemos, depende de ella. Para responder a la pregunta de si en Marte hubo o hay vida, primero se debe buscar en lugares donde exista o haya existido agua, pues ahí podrían estar las respuestas. Otra prioridad, a más largo plazo, es el viaje tripulado al planeta rojo. Al igual que en la exploración lunar actual, la participación de nuevos actores en esta carrera podría estar acelerando los plazos para lograr ese objetivo.

No me gustaría terminar el capítulo sin antes mencionar el papel de España en la exploración de Marte. Además de formar parte de la Agencia Espacial Europea y participar en sus proyectos, en cuanto a investigación marciana destaca sobre todo en lo que a climatología se refiere en sus participaciones con la NASA. España ha aportado tres estaciones medioambientales que durante meses estuvieron funcionando simultáneamente. La primera de ellas llegó con el rover Curiosity y se llama REMS (Rover Environmental Monitoring Station), que podía medir temperaturas de suelo y aire, velocidad y sentido de viento, radiación y humedad relativa. Más tarde llegó TWINS (Temperature and Winds for InSight) a bordo de InSight para medir temperaturas y vientos, ayudando a descartar falsos positivos en los movimientos sísmicos detectados por el sismómetro de la misión. Por último, MEDA (Mars Environmental Dynamics Analyzer) llegó a bordo de Perseverance y se puede considerar un REMS avanzado, ya que además de mejorar el sistema de medición también aporta datos sobre la transparencia del cielo. Con todo esto, España es la referencia a nivel mundial en lo que a meteorología marciana se refiere.

Por otro lado, las antenas de alta ganancia de Curiosity y Perseverance también son de fabricación española, así como la calibración del instrumento SuperCAM francés, también en Perseverance, y está liderada por científicos y centros españoles. Así que debemos estar orgullosos del desempeño de España en lo que a exploración marciana se refiere.

OTROS MUNDOS

Más allá del sistema solar

En la pequeña localidad italiana de Nola, cerca de uno de los volcanes más famosos de Europa, el monte Vesubio, en 1548 nació un visionario. Su historia es fascinante, destacando en campos como la filosofía, la poesía o la astronomía, aunque fue considerado hereje y murió siendo un mártir. Tomó por bandera el conocimiento y la libertad de pensamiento, defendiendo sus ideas hasta las últimas consecuencias. Filippo, que así fue bautizado al nacer, creció en una familia modesta, destacando ya desde joven por mostrar una curiosidad y una capacidad intelectual muy por encima de la que tenían sus compañeros. Se cuestionaba todo, especialmente lo que estaba considerado como verdad absoluta. En 1563, con quince años, entró en un convento dominico en Nápoles (Italia) donde tomó los hábitos de monje, adoptando un nuevo nombre: Giordano. Y así pasaría a la historia, como Giordano Bruno. A lo largo de su vida monástica analizó la filosofía de Aristóteles y Santo Tomás de Aquino, pero también estudió las obras de autores que tenían un modo de ver el mundo radicalmente distinto, donde destacaban las de Nicolás Copérnico.

Pronto se hizo evidente que Bruno no era un monje ordinario, entrando frecuentemente en conflicto con sus superiores al poner en entredicho las doctrinas tradicionales. Sin duda se sentían incómodos, argumentando que la falta de disciplina de

Bruno provenía de la lectura de libros prohibidos. Es cierto que trató de adaptarse a las reglas del convento en el que estaba, pero también era cuestión de tiempo que entrase en un grave conflicto con la Iglesia.

Antes de que tal enfrentamiento comenzase, en el año 1576 decidió abandonar el convento tras pasar trece años en él. Bruno quería viajar por Europa en busca de centros de conocimiento. Uno de los destinos que visitó en su peregrinación fue Francia, donde el rey Enrique III mostró su admiración ante el ingenio de sus pensamientos y la elocuencia con la que defendía sus ideas. Después viajó a Inglaterra, donde se consolidó académicamente, llegando a ejercer la docencia en la Universidad de Oxford, aunque muchos intelectuales mostraron su desacuerdo ante la impetuosa defensa que manifestaba hacia el sistema heliocéntrico de Copérnico, alejándose de la idea de la época, el geocentrismo, y difundiendo ideas sobre lo infinito del universo.

En 1584, durante su etapa inglesa, fue cuando escribió una de sus obras más importantes: *De l'infinito, universo e mondi*. Se trata del tercero de los cinco diálogos filosóficos que escribió tras *La cena de le ceneri* y *De la causa, principio e uno*. En esta obra, Bruno expone dos de sus ideas más revolucionarias. Una de ellas ya era sobradamente conocida, tanto por sus seguidores como por sus detractores: la idea del universo infinito. La otra, era mucho más rompedora si cabe, y la expuso a través de una conversación en la mencionada obra. Intervienen cuatro interlocutores: Fracastorio, Burquio, Elpino y Filoteo, aunque son los dos últimos los que exponen la innovadora y arriesgada reflexión:

> **ELPINO:** Existen, pues, innumerables soles; existen infinitas tierras que giran igualmente en torno a dichos soles, del mismo modo que vemos a estos siete girar en torno a este sol que está cerca de nosotros.

FILOTEO: Nosotros vemos los soles, que son los más grandes, más aún, los máximos cuerpos, pero no vemos las tierras, las cuales, por el hecho de ser cuerpos mucho más pequeños, son invisibles; como tampoco es absurdo que existan todavía otras tierras que dan vuelta alrededor de este sol y no son visibles para nosotros.

Bruno pone en boca de Elpino que el universo es infinito por albergar a infinitas tierras orbitando a otros soles. Es decir, el universo no lo circunscribe a nuestro sistema solar, sino que habla de otros sistemas solares más allá. Lo dijo en una época en la que tan solo se conocían la Luna, el Sol y cinco planetas, y según los pensamientos de la época, todo ello giraba alrededor de la Tierra. Así reivindicó Bruno el sistema heliocéntrico, descartando el que defendía la comunidad eclesiástica y, por extensión, la mayor parte de la sociedad. Esta idea le provocaría graves enfrentamientos con la Iglesia debido a que el ser humano dejaba de ser el centro del universo, quedando ya ni tan siquiera el Sol en ese lugar.

Por otro lado, Filoteo expresa otro de los pensamientos de Bruno al afirmar que las estrellas del cielo son soles y los planetas que giran alrededor de ellas, son tan pequeños que no es posible verlos. Y no solo eso, sino que deja abierta la opción de que en nuestro propio sistema solar puedan existir todavía más planetas que no se hayan descubierto por no ser visibles a simple vista[61]. Como era de esperar, la radicalidad de las ideas de Bruno aumentaba con el tiempo y los desafíos a las creencias de la época eran manifiestas, hasta tal punto que pasó a ser un objetivo de la Inquisición. Su peregrinación europea finalizó en 1591, año

---

[61] En 1584, fecha de la publicación de la obra, todavía no se había inventado el telescopio y lo que se sabía del cielo únicamente era lo visible a simple vista.

en el que decidió volver a Italia tras aceptar la invitación del noble Giovanni Mocenigo, dux de Venecia. Una vez allí, ambos charlaban abiertamente de temas filosóficos, aunque debido a las ideas cosmológicas y teológicas que defendía Bruno, Mocenigo lo acusó de herejía y, en 1592, fue arrestado y llevado a las cárceles del Palacio Ducal de Venecia, donde fue sometido a un intenso interrogatorio por parte de la inquisición veneciana. Al año siguiente fue trasladado a Roma, ya que la inquisición romana también quería interrogarlo, pasando sus últimos años retenido en el Castillo de Sant'Angelo y otras cárceles de la Iglesia, siendo interrogado, torturado y forzado a retractarse de sus ideas. Bruno no se doblegó y prefirió morir antes que traicionarse a sí mismo y a sus convicciones. Aquello fue visto como un intolerable acto de rebeldía, por lo que en 1600 fue declarado culpable de herejía y condenado a morir en la hoguera. El 17 de febrero de ese año murió quemado vivo en la plaza romana del Campo de' Fiori. Cuenta la leyenda que mientras lo trasladaban al lugar de su ejecución, miró a sus verdugos y les dijo: "Tembláis más vosotros al anunciar esta sentencia que yo al recibirla".

Los trabajos de Copérnico habían inspirado profundamente a Bruno, sin embargo, el italiano los llevó mucho más allá, ampliando no solo el concepto de universo sino también tratando a las estrellas del cielo como similares al Sol. Hoy en día, a Bruno se le considera un precursor de la revolución científica y, aunque no hay evidencias, parece ser que Galileo era conocedor de sus trabajos. Nueve años después de la muerte de Bruno en la hoguera, fue el propio Galileo quien levantó la vista al cielo con su pequeño telescopio por primera vez, desafiando nuevamente a la Iglesia con sus ideas heliocéntricas basadas, esta vez, en hechos observacionales. Johannes Kepler siguió la estela de pensamiento y a este le siguió Isaac Newton que como ya se dijo en el capítulo 2, el 5 de julio de 1687 publicó *Philosophiæ*

Naturalis Principia Mathematica, momento considerado históricamente como la fecha en la que se instauró el heliocentrismo defendido fervientemente desde años atrás por Copérnico, Bruno, Galileo, Kepler y el propio Newton.

* * *

Giordano Bruno fue quien introdujo el concepto de exoplanetas, también conocidos como planetas extrasolares, es decir, aquellos planetas que orbitan a una estrella que no es el Sol. Con esta idea, Bruno se adelantó cuatro siglos a lo que estaba por llegar.

Para conocer la definición de exoplaneta, es necesario saber qué es un planeta y, entonces, extrapolarlo a otro sistema solar. Hasta el año 2006, según la IAU (International Astronomical Union), un planeta se definía en base a estas tres condiciones: 1) debe orbitar a una estrella; 2) no debe tratarse de otra estrella, ni de un satélite de otro cuerpo; y 3) debe tener la masa suficiente como para adquirir una forma aproximada a una esfera debido a su propia gravedad.

Con esa definición, por ejemplo, el hecho de tener un sistema estelar doble con una estrella orbitando a otra de mayor tamaño, la estrella pequeña no se consideraría un planeta porque no cumpliría la primera condición. Por ese mismo condicionante, la Luna no sería un planeta porque a pesar de orbitar al Sol, su órbita principal está alrededor de otro cuerpo, en este caso, la Tierra. Por último, los asteroides del cinturón principal es cierto que orbitan al Sol, pero su masa no es la suficiente como para que adquieran una forma de aproximadamente una esfera y, si la tuvieran, no sería a consecuencia de su masa. De este modo, hasta el año 2006, los planetas del sistema solar eran Mercurio, Venus, la Tierra, Marte, Júpiter, Saturno, Urano, Neptuno y Plutón, siendo este último el más tardío en su descubrimiento ya que fue identificado en 1930 por el astrónomo estadounidense Clyde Tombaugh.

Poco después del descubrimiento de Plutón, en 1943, el astrónomo irlandés Kenneth Edgework, lanzó la hipótesis de que en las regiones exteriores del sistema solar podría haber materia demasiado dispersa como para formar nuevos planetas, pero sí que podría agruparse para componer pequeños cuerpos helados. En 1951, el astrónomo neerlandés Gerard Kuiper pulió la idea de Edgework diciendo que las regiones exteriores podrían estar pobladas por remanentes de la formación del sistema solar. Más tarde, en las décadas de 1960 y 1970, varios astrónomos comenzaron a tener en cuenta que, aquella región que sugirió Edgework en primera instancia y Kuiper después, podría ser la fuente de los cometas de corto período. Finalmente, el primer objeto descubierto en esta región, hoy conocida como Cinturón de Kuiper, se anunció en 1992 y se denominó 1992 QB1, aunque hoy se conoce oficialmente como (15760) Albion, de unos 160 kilómetros de tamaño, mucho menor que el de Plutón, que tiene 2.376 kilómetros de diámetro. En los años siguientes en aquella zona se descubrieron decenas de objetos más, cuyos tamaños seguían siendo notablemente menores en comparación con el del propio Plutón.

Todo cambió a partir del año 2000 cuando comenzaron a descubrirse nuevos objetos, esta vez con un tamaño mayor. El primer objeto de dimensiones notables fue hallado ese mismo año, Varuna, de unos 700 kilómetros. Tal hecho demostró que el Cinturón de Kuiper también tenía objetos de tamaño relativamente grande, aunque menores que Plutón. En 2002 se descubrió Quaoar, de unos 1.100 kilómetros, lanzando la idea de que Plutón podría no ser más que otro cuerpo que viaja más allá de la órbita de Neptuno. En 2003 llegó el hallazgo de Sedna, cuyo tamaño podría ser incluso superior a los 1.500 kilómetros.

Un año después fue descubierto Haumea, y tras analizar su tamaño, se vio que era muy similar al de Plutón, evidenciando ahora sí, que Plutón era uno más de entre los objetos encontrados más allá de la órbita de Neptuno o transneptunianos (TNO). Sin embargo, el cuerpo que aceleró el replanteamiento del concepto de planeta fue anunciado en 2005. El objeto descubierto fue Eris, que tiene una masa ligeramente mayor a la del propio Plutón, aunque con un tamaño ligeramente inferior.

Con todos esos hallazgos, en la asamblea general de la Unión Astronómica Internacional celebrada en 2006, se sometió a votación una nueva definición del concepto de planeta bajo estos requisitos: 1) debe orbitar a una estrella sin ser otra estrella ni un satélite de otro cuerpo; 2) debe tener la masa suficiente para que por su propia gravedad adquiera un aspecto esférico o casi esférico; y 3) debe mantener despejada su vecindad orbital de otros objetos significativos, exceptuando sus satélites. La votación avaló el cambio, por lo que hubo que realizar modificaciones en el sistema solar.

Según esta nueva definición, cerca de la órbita del propio Plutón existen más objetos transneptunianos de tamaños incluso comparables al suyo propio, lo que indica que no es gravitatoriamente dominante. Como dato, el sistema que conforman Plutón y sus satélites —Caronte, Nix, Hidra, Cerbero y Estigia— tiene un 0,07 % de la masa total de los objetos que se mueven en órbitas próximas a él, mientras que el sistema Tierra-Luna posee más del 99 % de la masa total de los cuerpos cercanos. Por lo tanto, Plutón no cumple el tercer requisito de la nueva definición y a consecuencia fue excluido de la lista de planetas, que pasó a ser la siguiente: Mercurio, Venus, la Tierra, Marte, Júpiter, Saturno, Urano y Neptuno. A raíz de esto y en esa misma asamblea, se creó una nueva categoría, la de planeta enano, que es un cuerpo que cumple algunas de las características de planeta, pero no todas. En esta categoría entraron los siguientes objetos: Ceres[62], Eris, Makemake, Haumea y, por supuesto, el propio Plutón.

Con el concepto de planeta definido, ya se puede comprender mejor lo que es un exoplaneta, es decir, un objeto planetario que orbita a otra estrella. Por supuesto, no se puede saber si en un sistema solar con exoplanetas, cada uno de ellos cumple estrictamente con los requisitos, debido a que están tremendamente alejados, y los métodos que se utilizan para detectarlos y caracterizarlos no ofrecen datos con la suficiente precisión como para conocer esa información. Antes de hablar de los métodos de detección que permiten hallar y caracterizar exoplanetas, resulta llamativo conocer cómo fue el descubrimiento del primero de estos objetos y para eso, es necesario hablar de Michel Mayor.

* * *

Michel Mayor nació el 12 de enero de 1942 en Lausanne (Suiza). Ya desde niño mostraba una enorme curiosidad ante el cosmos, algo que le llevó a estudiar física en la Universidad de Lausana (Suiza), especializándose en astrofísica en la Universidad de Ginebra (Suiza). Más tarde, en 1971, en esta última universidad obtendría su doctorado, centrándose en la distribución de velocidades de un conjunto de estrellas de la Vía Láctea, algo que más tarde aprovecharía para hacer su gran hallazgo, pero no adelantemos acontecimientos. Mayor comenzó a dar clase en aquella universidad y muchos de los que le han conocido destacan de él su carácter visionario. A nivel científico se ganó una muy buena reputación debido a lo meticulosas de sus observa-

---

[62] De todos los planetas enanos, Ceres es el único que está situado en el cinturón principal de asteroides. El resto, son objetos transneptunianos.

ciones, lo que le sirvió de aval para trabajar en varios observatorios europeos.

En la década de 1980, los astrónomos comenzaron a desarrollar técnicas orientadas a detectar planetas alrededor de otras estrellas. Para ello se basaban en el tirón gravitatorio que el planeta produciría en la estrella, lo que se vería traducido en un pequeño bamboleo que hace que la estrella se acerque y se aleje con respecto a la Tierra. Lo que ocurre es que la velocidad con la que se desplaza esa estrella por ese efecto es tan insignificante que los instrumentos de la época eran incapaces de detectarla.

Mayor estuvo utilizando el espectrógrafo CORAVEL (CO-Rrelation-RAdial-VELocities) instalado en el telescopio danés de 1,52 metros del Observatorio La Silla (Chile), con el objetivo de captar estos movimientos de las estrellas, pero los resultados no le ofrecían la precisión que él deseaba, ya que obtenía valores de decenas de metros por segundo y él los necesitaba de una precisión del orden de unidades de metros por segundo. Es cierto que la tecnología en el ámbito de la óptica y la espectroscopía estaban avanzando a un gran ritmo, pero en aquella época no era suficiente para él. A principios de la década de 1990, anticipándose a todos, Mayor propuso crear un espectrógrafo con unas características tales que le permitiesen obtener las velocidades del orden de metros por segundo de precisión, que era lo que buscaba. Él mismo lideró el desarrollo de aquel nuevo espectrógrafo al que denominó ELODIE, instalándolo en el telescopio de 1,93 metros del Observatorio de Haute-Provence (Francia). Los resultados parecían responder al diseño planteado y pudo avanzar en su campo de estudio sobre el que había desarrollado su tesis. De este modo pudo caracterizar movimientos en estrellas y pensó que también podría intentar contribuir al descubrimiento de exoplanetas, siguiendo la tendencia de otros grupos de investigación.

En el año 1992, un estudiante de doctorado de la Universidad de Ginebra se unió a Michel Mayor con el fin de iniciar sus estudios de doctorado. Este estudiante, Didier Queloz, estuvo trabajando con ELODIE siendo uno de los objetivos de su doctorado era mejorar la precisión en la medición de las velocidades radiales en estrellas, lo que requería manejar cuidadosamente los datos de calibración. Para ello, trabajó en la mejora de los algoritmos de análisis de los datos aportados por el nuevo espectrógrafo, así como en la reducción de la incertidumbre de los resultados. Una vez que todo estaba perfectamente coordinado para trabajar con garantías, comenzó a adquirir datos de producción científica. Una de las tareas fue tomar datos de una lista de estrellas que le había proporcionado Mayor y analizarlos, con el fin de obtener información sobre sus velocidades radiales.

En el verano de 1994, una de las estrellas de la lista proporcionada por Mayor era 51 Pegasi, un astro discreto, apenas visible a simple vista, situado a unos 50 años luz de la Tierra con un tamaño muy similar al del Sol, aunque ligeramente mayor, y de una edad superior. Queloz, utilizando las técnicas que había desarrollado en la fase de calibración orientadas a reducir el ruido en los datos, obtuvo como resultado una oscilación periódica en la velocidad radial de la estrella. Los datos tenían una precisión de unos pocos metros por segundo y había detectado velocidades máximas de unos 50 metros por segundo, tanto en acercamiento como en alejamiento, comprobando además que la oscilación completa tenía un período de 4,23 días. A la primavera del año siguiente, los datos seguían mostrando la misma señal, clara e inequívoca, y sugería que algo masivo estaba orbitándola.

El anuncio del hallazgo ya se podría haber realizado, pero decidieron esperar para evitar cualquier error en la medición. Sabían que aquella noticia iba a abrir un nuevo campo en la as-

trofísica y debían estar totalmente seguros de aquello. Realizaron
más observaciones adicionales para descartar, por un lado, errores producidos por el instrumental; por otro, que la estrella emi-
tiese pulsaciones con ese período. Aquellas nuevas observaciones
descartaron los posibles errores que habían planteado, reafir-
mando que aquello era el hallazgo de un cuerpo que no emitía
luz propia y que estaba orbitando alrededor de aquella estrella
cada 4,23 días. Esto, pensaron, no podía ser más que un planeta
con un tamaño similar al de Júpiter: el ansiado primer exoplaneta. El 6 de octubre de 1995 se anunció el hallazgo y el día 1
de noviembre fue publicado[63]. A este exoplaneta se le denominó
51 Pegasi b, donde 51 Pegasi hace referencia a la estrella alrededor de la cual orbita, y la letra b indica que es el primer exoplaneta descubierto, debido a que los hallazgos exoplanetarios se
nombran con letras correlativas del abecedario, pero empezando
por la letra b. La identificación del primer planeta extrasolar se
sabía que llegaría tarde o temprano, pero no se tenía la certeza
de cuándo. Lo lograron Mayor y Queloz, y con esta hazaña habían conseguido abrir un nuevo campo en la ciencia: el de los
planetas más allá del sistema solar.

Tras el anuncio, varios científicos usaron sus espectrógrafos
más potentes para validar el hallazgo. Los astrónomos estadounidenses Geoffrey Marci y Paul Butler lo confirmaron usando
el espectrógrafo Hamilton del Observatorio Lick en California
(Estados Unidos) y lo publicaron[64] tras recopilar la suficiente
información. El hallazgo y los datos asociados a él fueron recibidos con escepticismo, ya que todo apuntaba a que el planeta
descubierto estaría desplazándose en una órbita muy cercana a
su estrella debido a que su "año" duraba 4,23 días. Aplicando

[63] *Nat.*, 378, 355-359 (1995).

[64] *ApJ*, 481 926 (1997)

las leyes de Kepler, esta órbita sería mucho menor de la que tiene Mercurio con respecto al Sol. No se concebía que los planetas gigantes gaseosos estuviesen tan cercanos a su estrella, sin embargo, el dato estaba ahí y las confirmaciones por parte de otros astrónomos así lo avalaron.

El hallazgo fue validado y, aquellos que se mantenían escépticos, tuvieron que admitir la existencia de ese tipo de exoplanetas tan cercanos a su estrella. Por otro lado, el descubrimiento de 51 Pegasi b, fue inspirador ya que surgió una oleada de nuevas investigaciones dedicadas a encontrar más exoplanetas. A los pocos años ya se conocían decenas de ellos, descubriendo que era común hallar estos cuerpos gigantes orbitando muy cerca de sus estrellas.

* * *

En este capítulo ya se ha hablado a grandes rasgos del método de las velocidades radiales para localizar exoplanetas. A partir de aquí, se profundizará en este método y en otros que se emplean con el objetivo de detectar planetas extrasolares.

Hablando de las velocidades radiales de manera más pormenorizada, se podría decir que se trata de un baile entre planeta y estrella, donde entran en juego los tirones gravitatorios de uno sobre otro. Por supuesto, la estrella ejerce un tirón mucho más grande sobre el planeta que el que pueda ejercer el planeta sobre la estrella. Una buena forma de visualizarlo es imaginar a un adulto jugando en el parque con un niño, ambos girando agarrados de la mano. El niño, con los pies en el aire, gira alrededor del adulto, aunque este último también hace un pequeño movimiento circular. Si hubiese una tercera persona sentada en un banco observando la escena y midiendo con precisión la distancia a la que se encuentra el adulto, apreciaría un bamboleo ya que el adulto se acerca y se aleja de esa tercera persona alrededor de una posición de equilibrio. Ese movimiento del adulto es el que trata de medir el método de las velocidades radiales. Con este método, para medir la velocidad radial se procede analizando el efecto Doppler que provoca la estrella. Es decir, cuando la estrella se acerca a la Tierra, su espectro se percibe comprimido hacia el azul, mientras que cuando se aleja, se expande hacia el rojo. Midiendo el cambio en el espectro de la estrella, se puede inferir la presencia del objeto que provoca ese vaivén en el movimiento y obtener datos tales como la masa del planeta y el tamaño de la órbita que recorre. Por las características de este método, es más eficaz a la hora de detectar planetas de gran tamaño que estén muy cerca de su estrella debido a que generan movimientos de velocidad radial más destacados. Con los cambios captados en el espectro se puede detectar más de un planeta, logrando esto tras analizar el desplazamiento del espectro y calculando sus componentes fundamentales. Cada componente fundamental indicaría la presencia de un exoplaneta y la amplitud del dato obtenido daría información sobre la intensidad del tirón gravitatorio que provoca sobre la estrella.

Otro de los grandes métodos para detectar exoplanetas es el del tránsito que, dicho de manera muy sencilla, se basa en detectar aquellos exoplanetas que pasan por delante del disco de su estrella, haciendo que disminuya la cantidad de luz que se percibe. Es fácil de entender con esta comparación: imagina que estás en un estadio por la noche viendo una competición cuando, de repente, una mosca pasa por delante de uno de los focos del estadio. A simple vista, quizás no notes que ha pasado el insecto, pero con una cámara extremadamente precisa, sí que se puede medir la reducción de luz que se percibe del foco. Entonces, si un exoplaneta pasa por delante de su estrella, midiendo con detalle esa variación de luz se pueden saber datos relevantes sobre el objeto en cuestión. Sobre todo, se analiza tanto la caída de luz provocada cuando el exoplaneta empieza a entrar en el disco de la estrella, como la subida de esta cuando comienza a salir. Esta curva de luz obtenida es la que permite conocer el tamaño del planeta, su órbita e incluso si presenta o carece de atmósfera. Este método permite detectar cuerpos grandes que estén girando muy cerca de su estrella, ya que de este modo pueden bloquear más cantidad de luz, aunque los avances tecnológicos permiten detectar objetos cada vez más pequeños y alejados.

Por otro lado, los métodos de las velocidades radiales y del tránsito son compatibles ya que la perspectiva de la órbita del planeta con respecto a su estrella es la misma. Al aplicar los dos métodos a la vez, se pueden obtener muchísimos más datos que si se analizan por separado.

El último método del que se va a hablar, aunque hay algunos más, es el conocido como visión directa que, como su pro-

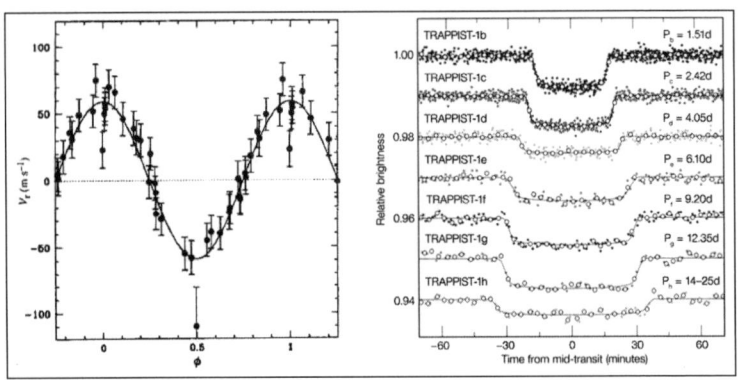

Imagen 8.1. Derecha: gráfico que muestra las velocidades radiales obtenidas con ELODIE y que sirvieron para descubrir la existencia de 51 Pegasi b. Izquierda: curvas de luz de los tránsitos correspondientes a los siete exoplanetas que componen el sistema TRAPPIST-1. (Créditos: Mayor & Queloz, 1995; Gillon et al., 2017).

pio nombre indica, consiste en captar el exoplaneta mediante una imagen. Entonces, si bien los dos primeros métodos detectan el planeta indirectamente analizando algunos de los parámetros de la estrella, este lo detecta directamente. Esto supone un reto mayúsculo, ya que se requiere separar la luz reflejada por el planeta de la intensa luz que emite la estrella alrededor de la cual gira. Volviendo al símil del insecto y el foco del estadio, el método consistiría en captar directamente el insecto no cuando está en tránsito, sino cuando está cerca del disco del foco, captando el reflejo del insecto. Para ello, hay que aislar la luz emitida, siendo esta varios órdenes de magnitud más brillante que el propio reflejo. Volviendo al terreno de los exoplanetas, los astrónomos suelen fotografiar la estrella en el rango del infrarrojo, ya que en esa parte del espectro es más sencillo captar la luz reflejada con respecto al brillo emitido, aunque, en cualquier caso, siempre se intenta bloquear la luz de la estrella. Este método permite analizar la atmósfera del exoplaneta y determinar características orbitales, sobre todo de planetas grandes que estén muy alejados de su estrella. Algo que facilita la tarea es analizar sistemas solares jóvenes, ya que los planetas de reciente formación emiten más calor que los planetas maduros y, por lo tanto, son más fáciles de captar en esta banda del espectro donde, además, si son extremadamente jóvenes, se pueden apreciar los rastros que dejan a lo largo de sus órbitas en el disco protoplanetario, tal y como se mostraba en la imagen 2.4.

Como ya se ha dicho, existen otros métodos de detección de exoplanetas. Muy brevemente, uno de ellos es el de la astrometría, donde se mide el movimiento de una estrella debido al tirón gravitatorio de sus planetas, pero desde una perspectiva perpendicular al plano orbital; otro método es el uso de lentes gravitatorias, donde el efecto gravitatorio de la lente ofrece un pico de luz separado del pico de luz generado por la estrella; o el método de la variación del tiempo de tránsito, donde se detectan cambios en la puntualidad del inicio de un tránsito de un exoplaneta conocido para detectar más alrededor de esa estrella. Es cierto que se podría hablar mucho más a fondo de estos métodos, pero no es el objetivo de este libro, por lo que se han tratado los métodos que mejores resultados han ofrecido —velocidades radiales y tránsito—, así como el más intuitivo —detección directa—.

* * *

Como ya se ha comentado, los primeros exoplanetas detectados fueron del tipo Júpiter caliente, es decir, planetas de un tamaño similar al de Júpiter que se encuentran orbitando muy cerca de su estrella. Con el desarrollo de la tecnología, aumentó la precisión en los datos obtenidos, llegando a desarrollar espectrógrafos extremadamente precisos como HARPS (High Accuracy Radial Velocity Planet Searcher)[65] en el telescopio de 3,6 metros del Observatorio de La Silla (Chile), ESPRESSO (Echelle SPectrograph for Rocky Exoplanet and Stable Spectroscopic Observations) en el Very Large Telescope del Observatorio Paranal (Chile) o HIRES (High Resolution Echelle Spectrometer) en el telescopio Keck I del Observatorio de Mauna Kea (Estados Unidos). También surgieron iniciativas para detectar exoplanetas por el método del tránsito como la red NGTS (Next-Generation Transit Survey) del Observatorio Paranal, la red SuperWASP (Super Wide Angle Search for Planets) desplegada en el Observatorio del Roque de los Muchachos (Islas Canarias) y en el SAAO (South African Astronomical Observatory), o la red glo-

---

[65] Este espectrógrafo fue desarrollado por Michel Mayor partiendo de lo aprendido con ELODIE, pero innovando radicalmente en términos de diseño y precisión.

bal de telescopios LCOGT (Las Cumbres Observatory Global Telescope Net-work) con equipos desplegados en cuatro continentes.

En el espacio, el telescopio espacial Hubble se puso manos a la obra con el fin de detectar algunos exoplanetas mediante el método de tránsito, obteniendo unas curvas de luz nítidas debido a que evita los efectos de la atmósfera terrestre a la hora de captar datos. También se desarrollaron misiones espaciales que estaban exclusivamente destinadas a la detección y caracterización de exoplanetas, como los telescopios espaciales CoRoT (Convection, Rotation and Transits), una cooperación entre la ESA y el CNES francés; Kepler y TESS (Transiting Exoplanet Survey Satellite) de la NASA; o CHEOPS (CHaracterising ExO-Planet Satellite) de la ESA, estando estos dos últimos activos en el momento de edición de este libro.

El desarrollo de la tecnología ha permitido dar un salto en la precisión de los datos adquiridos, pasando de detectar exoplanetas del tamaño de Júpiter orbitando a distancias muy cercanas de su estrella, a detectar planetas del tamaño de la Tierra —incluso más pequeños— situados a distancias mayores. En cuanto se comenzó a detectar exoplanetas tipo Tierra más alejados de su estrella, se comenzó a escuchar el concepto de zona de habitabilidad más allá del ámbito puramente científico. Esta región se define como la existente alrededor de una estrella donde las temperaturas se sitúan entre los 0 ºC y los 100 ºC. Es decir, lugares en los que podría haber agua líquida debido a que es un requisito fundamental para la vida tal y como la conocemos, junto a otros parámetros como son una fuente de energía y una serie de elementos químicos como el carbono, el hidrógeno, el nitrógeno, el fósforo y el azufre.

Personalmente, nunca me ha convencido por completo el concepto de zona de habitabilidad, debido a que el agua líquida

Imagen 8.2. De izquierda a derecha, Jack Lissauer, investigador en el proyecto del telescopio espacial Kepler; el autor de este libro; Michel Mayor, descubridor del primer exoplaneta en una imagen tomada en 2009. (Créditos: O. Prieto)

puede encontrarse fuera de esa región o, por el contrario, estar el exoplaneta dentro de ella y no tener opción a albergar agua líquida. Por ejemplo, si se tiene localizado un exoplaneta más allá de la zona de habitabilidad donde las temperaturas son negativas, cabe la posibilidad de encontrar agua líquida si el exoplaneta tiene una atmósfera que genere un efecto invernadero tal que pueda elevar la temperatura y situarla en valores comprendidos entre 0 ºC y 100 ºC. Del mismo modo, un exoplaneta que esté en la zona de habitabilidad, si no tiene atmósfera no hay posibilidad de encontrar agua líquida en superficie porque ocurriría lo que sucedió en Marte: se volatilizaría ante la ausencia de presión atmosférica, aunque la temperatura esté comprendida entre 0 ºC y 100 ºC. A pesar de esta puntualización, es un buen punto de partida para analizar la habitabilidad de un planeta extrasolar.

A raíz del concepto de zona de habitabilidad se comenzó a hablar de condiciones de habitabilidad como consecuencia de estudiar la información adquirida del exoplaneta en combinación con la distancia orbital. Particularizando en algunos datos que se pueden obtener del planeta extrasolar, gracias a la espectroscopía de precisión se pueden identificar algunas de las moléculas que están presentes en la atmósfera, detectando más complejas cuanta más capacidad tecnológica se tenga. Actualmente, moléculas simples como monóxido de carbono, oxígeno molecular o metano son detectables tanto desde tierra como desde el espacio. Con los datos obtenidos, se pueden comparar con las moléculas que existen en la atmósfera de la Tierra, sobre todo aquellas que son consideradas como biomarcadores o, tan solo, que sean compatibles con la vida tal y como la conocemos. De este modo se pueden ofrecer índices de habitabilidad con el objetivo de lograr uno de los grandes desafíos: encontrar un planeta gemelo de la Tierra.

* * *

Un gemelo de la Tierra o Tierra 2.0 se define como un exoplaneta que cumple con unas determinadas condiciones que lo hacen similar al nuestro desde el punto de vista de habitabilidad. Es cierto que no existe una definición exacta, aunque sí que hay aspectos que debe cumplir como, por ejemplo, tener un tamaño y masa del orden de los de la Tierra. Es por eso por lo que debe tratarse de un exoplaneta rocoso, cuya masa oscile entre 0,5 y 1,5 veces la de nuestro planeta, con el fin de que su fuerza de gravedad sea, en cierto modo, similar, algo fundamental para que los líquidos en superficie se comporten de un modo parecido y que la atmósfera no escape fácilmente al espacio. Esa atmósfera, además, debe tener una composición compatible con un sistema que habilite una protección frente a radiaciones nocivas procedentes de su estrella; también, ofrecer una presión atmosférica en superficie que permita estabilizar los líquidos, pero sin generar un efecto invernadero descontrolado; por supuesto, debe tener una composición similar a la nuestra para poder sustentar la vida tal y como la conocemos. También es necesario que la estrella a la que orbita sea similar al Sol, o al menos sea una estrella con una madurez tal que no emita estallidos frecuentes, así podrá ofrecer unas condiciones lo más estables posibles. Hoy existen varios exoplanetas que podrían considerarse Tierra 2.0, aunque todavía queda mucho por investigar sobre ellos y demostrar que sean realmente similares.

Uno de los candidatos a ser esa Tierra 2.0 es el exoplaneta conocido como Kepler-452b, situado a unos 1.800 años luz de distancia en dirección a la constelación de Cygnus. Se trata de un mundo rocoso con un tamaño que supera a la Tierra en un 60 % y orbita a una estrella ligeramente más masiva que el Sol, aunque con su mismo tipo espectral, es decir, G2V como ya se vio en el capítulo 4. Este exoplaneta fue descubierto por el telescopio espacial Kepler y su confirmación como tal se publicó[66] en el verano de 2015. Orbita a una distancia muy similar a la que lo hace la Tierra con respecto al Sol, por lo que se encuentra en la zona de habitabilidad, aunque según los modelos, este exoplaneta recibe ligeramente más energía de la que recibe nuestro planeta. En cuanto al tiempo que tarda en dar una vuelta alrededor de su estrella, resulta muy similar a la Tierra, ya que emplea 385 días. Con respecto a su atmósfera, no se sabe con certeza si la tiene o no, lo que se estima es que, de tenerla, sería una at-

---

[66] *AN*, 150:2 (2015).

mósfera densa ya que su fuerza gravitatoria es superior a la de la Tierra y podría atrapar más gases, generando una alta presión atmosférica en superficie que, además, estaría en disposición de provocar un efecto invernadero que incluso podría llegar a ser inviable para la vida tal y como la conocemos. Por lo tanto, podría suceder lo que ocurre en Venus, es decir, que las temperaturas superficiales fuesen extremadamente altas.

Otro de los candidatos a ser una Tierra 2.0 es el exoplaneta Gliese 667 Cc. Se trata de un mundo que orbita en torno a la tercera estrella del sistema triple Gliese 667, siendo el segundo descubrimiento exoplanetario del sistema[67]. Este planeta orbita a una estrella enana roja y se encuentra a 23,62 años luz de la Tierra en dirección a la constelación de Scorpius. Si bien es cierto que Kepler-452b se detectó por el método del tránsito, el exoplaneta Gliese 667 Cc se detectó por el método de las velocidades radiales mediante el instrumento HARPS. Debido a la ubicación que tiene, completa su órbita en 28,16 días, lo que indica que se encuentra extremadamente cerca de ella. Sin embargo, por tratarse de una estrella enana roja y con un tipo espectral M1.5V, emite mucha menos energía que el Sol. Con esto, aunque el exoplaneta Gliese 667 Cc esté muy cerca, la energía que recibe es comparable a la que recibimos en la Tierra, quedando por lo tanto enmarcado en la zona de habitabilidad de su estrella madre. Los modelos también predicen que en superficie podría haber temperaturas compatibles con la vida tal y como la conocemos[68]. Los científicos han estimado que, si este exoplaneta tuviese una atmósfera similar a la de la Tierra, su temperatura media podría estar alrededor de 13 ºC por lo que podría albergar agua en estado líquido.

---

[67] *A&A,* 556 A126 (2013).
[68] *Res. Notes* AAS, 7 135 (2023).

Existen algunos candidatos más, cada uno de ellos con sus características a favor y en contra para parecerse a nuestro planeta. Está por ejemplo Proxima Centauri b, TRAPPIST-1e o Teegarden b. Conforme transcurra el tiempo y avance la tecnología, la lista de candidatos a esa Tierra 2.0 aumentará y se dispondrá de varios mundos para analizar en profundidad, lo que permitirá ver en qué condiciones pueden desarrollarse mundos similares al nuestro en lo relativo a tamaño, estrella a la que orbitan, atmósfera o temperatura en superficie. Pero no solo eso, porque a fecha de edición de este libro se conocen más de 7.400 exoplanetas en más de 4.900 sistemas solares. Así, los científicos ya no se limitan al estudio de nuestro sistema solar como conjunto, sino que existen miles de sistemas para analizar con la posibilidad de evaluar las diferencias y semejanzas que tienen con respecto al nuestro. Todos estos hallazgos han eliminado el sesgo de comparar únicamente con nuestro sistema solar, provocando la modificación de los modelos teóricos tanto de formación planetaria como de distribución de cuerpos en sistemas solares. En eso consiste la ciencia, en avanzar, en descubrir, en corregir, en readaptar y en aumentar los límites del conocimiento planteando nuevas preguntas.

EL FINAL DE LA TRAVESÍA
Un eco hacia el porvenir

Tras concluir las ponencias en el Atlantis, tuvimos un improvisado coloquio que sirvió para poner todo en contexto y extraer conclusiones no solo científicas, sino también filosóficas, sobre todo lo que se había contado a bordo. Resultó inspirador conocer la visión de personas de ámbitos tan distintos así, que, para cerrar este libro me gustaría compartir algunas reflexiones. Algunas de ellas surgieron a bordo del barco; otras, me han surgido tras la redacción del libro.

Desde que la humanidad empezó a preguntarse por el tamaño del universo, su curiosidad la ha llevado a descubrir aspectos del cosmos que no han hecho más que ampliar sus dimensiones hasta límites que la imaginación apenas puede concebir. Paradójicamente, cuanto más aprendemos sobre el universo, más nos damos cuenta de lo mucho que desconocemos. En ciencia, responder una pregunta suele abrir la puerta a muchas más.

Las investigaciones han avanzado hasta tal punto que ahora buscamos indicios de vida, pasada o presente, en otros lugares del sistema solar para responder la eterna pregunta: ¿estamos solos? El descubrimiento de 51 Pegasi b por Michel Mayor y Didier Queloz no solo abrió la puerta a la exploración de exoplanetas, sino que también amplió las fronteras de nuestra búsqueda de mundos habitables más allá del sistema solar. Su hallazgo fue tan trascendental que en 2019 ambos recibieron el Premio Nobel de Física, un reconocimiento que no solo transformó la astronomía y la astrofísica, sino que inspiró a una nueva generación de científicos para adentrarse en un campo donde todo eran preguntas. Gracias a ellos y a quienes los siguieron, nuestra percepción del universo ha cambiado radicalmente. Hoy, basta con abrir una revista científica para comprobar cómo, semana tras semana, surgen investigaciones prometedoras que poco a poco irán dando sus frutos y ampliarán los límites del conocimiento.

Así como encontrar el primer exoplaneta fue cuestión de tiempo, también lo ha sido identificar los primeros candidatos con entornos habitables. ¿Ocurrirá lo mismo con el hallazgo de vida? Como se ha mencionado en este libro, aún no hemos encontrado pruebas de vida más allá de la Tierra. Sin embargo, este hecho está condicionado por una gran limitación: solo conocemos un tipo de vida, la que se ha desarrollado en nuestro planeta bajo unas condiciones muy específicas. No obstante, existen organismos como los extremófilos, capaces de sobrevivir en entornos que superan los límites de lo que consideramos "habitual". Sabemos que hay lugares en el sistema solar con condiciones de habitabilidad, y aunque aún no hemos encontrado evidencias de vida, ya sabemos cómo y dónde buscar.

La comunidad científica es consciente de que la tecnología actual aún no nos permite medir con precisión ciertos parámetros clave para detectar signos de vida. Sin embargo, cada avance nos acerca más a esa posibilidad y todo indica que vamos en la dirección correcta. Además, el universo es inconmensurable, lo que no solo amplía las probabilidades de que exista vida similar a la nuestra, sino que deja abierta la posibilidad de la existencia de formas de vida que aún no sabemos identificar. Quizás haya señales frente a nosotros que aún no comprendemos.

En el capítulo 6 mencioné a nuestros astronautas, Sara García y Pablo Álvarez. Más allá de ser una inspiración para la so-

Los integrantes de la travesía con el Atlantis de fondo. De izquierda a derecha: Antonio Pérez, Helena García, Rosana Román, Ángel Barral, Carlos Pérez, Josep Gutiérrez, Antonio Puldain, José María Abaitua, Alberto de Zunzunegui y Jordi García.

ciedad, estoy convencido de que los veremos en el espacio más pronto que tarde, porque su exigente preparación los avala.

Una tecnología que no he mencionado hasta ahora es el papel de la inteligencia artificial en la exploración del cosmos. Sus aplicaciones son innumerables, desde el análisis de datos hasta su integración en misiones espaciales. Un ejemplo reciente es un estudio publicado en febrero de 2025, en el que una inteligencia artificial analizó decenas de miles de imágenes de Marte para detectar cráteres de impacto recientes formados durante la misión de la sonda InSight[69]. El objetivo era encontrar su correlato sísmico, y los resultados fueron satisfactorios. Como toda nueva

---

[69] *Geophys. Res. Lett.,* 52:3 (2025).

tecnología, la inteligencia artificial genera debate, pero su uso adecuado permitirá que la ciencia avance a pasos agigantados.

Con todo esto, la idea de que estemos solos en el universo parece, desde un punto de vista estadístico, casi imposible. La inmensidad del cosmos, con sus miles de millones de galaxias, estrellas y planetas, hace que la existencia de vida en otros lugares no sea solo una posibilidad, sino una probabilidad. Aunque aún no hemos encontrado evidencia concluyente, los avances científicos y tecnológicos nos acercan cada vez más a responder la que quizás sea la pregunta más trascendental de la humanidad.

Para terminar, quiero dejar una reflexión de Carl Sagan, quien en su novela *Contact*, llevada posteriormente al cine, escribió una frase que resume con brillantez esta incertidumbre. Sus palabras nos invitan a reflexionar sobre nuestra pequeñez en la inmensidad del universo y, al mismo tiempo, sobre la emocionante posibilidad de que haya alguien ahí fuera:

"Si estamos solos en el universo, cuánto espacio desaprovechado."

EPÍLOGO

ALBERTO DE ZUNZUNEGUI

Si algo ha marcado la historia de la navegación ha sido su estrecha vinculación con la astronomía. Desde los primeros instantes en que el ser humano se aventuró a navegar más allá de la línea visual de la costa, fue en el firmamento en donde pudo encontrar las referencias necesarias para poder conocer el rumbo: durante el día orientándose con el Sol y a medida que el manto de la noche empezaba a cubrir el cielo, mediante la Luna, los planetas observables a simple vista —Mercurio, Venus, Marte, Júpiter y Saturno— y, sobre todo, con las estrellas. Sin duda, fue el conocimiento de ese firmamento el que hizo posible que el griego Piteas pudiera llegar hasta el Báltico en el s. IV a. C., que los vikingos se convirtieran en un pueblo de grandes navegantes o posibilitar que se descubriera nuestro planeta a bordo de aquellas primeras carabelas y naos que se aventuraron a cruzar los grandes océanos, en una de las mayores hazañas de exploración que el ser humano haya llevado a cabo a lo largo de la historia, quizás solo comparables a la exploración de la moderna era espacial.

Tal vez por ello y como navegante, siempre me he sentido atraído por ese mundo que se abre al infinito más allá de la bóveda celeste. Quizás también por ese deseo de conocimiento innato en el ser humano, que hace que desde el principio de los tiempos elevemos con curiosidad nuestra mirada hacia el firmamento, casi con tantas preguntas como estrellas pueden verse a simple vista. El carácter romántico y soñador también contribuye a ello. Quizás por eso desde el primer momento tuve claro que, entre las travesías temáticas de Oceanosophia, no podían faltar las dedicadas a la astronomía y la navegación astronómica. Cuando le expuse a mi querido amigo Javier Cacho la intención de llevar a cabo un programa con esa temática, inmediatamente me indicó que la persona ideal era Antonio Pérez-Verde, quien tampoco dudó en mostrar su mejor disposición para embarcarse en aquella aventura náutica que nos llevaría desde Olbia, en la isla de Cerdeña (Italia), hasta nuestra querida Cartagena: una travesía de 600 Millas Bajo las Estrellas, a bordo del Atlantis, un precioso bergantín-goleta de 57 metros de eslora construido en 1905.

De aquella inolvidable travesía, llevada a cabo entre el 21 de octubre y el 1 de noviembre de 2023 —en la que finalmente terminamos recorriendo 800 millas a consecuencia del mal tiempo al que tuvimos que enfrentarnos desde que zarpamos de Bonifacio, en Córcega (Francia)— guardo muchos buenos recuerdos. Entre ellos ocupan un lugar de honor las lecciones impartidas por Antonio Pérez-Verde que, junto a Josep Gutiérrez Sancho, fueron los encargados de adentrarnos magistralmente en la maravillosa historia de la astronomía y la navegación astronómica, respectivamente. Durante aquellas singladuras, Antonio demostró un profundo conocimiento de la materia y un gran talento para introducirnos en el complejo mundo de la astronomía y la astrofísica, de manera didáctica, amena y sencilla —sin duda este libro viene a corroborarlo—, pero también sorprendió por su capacidad para impartir clases a bordo de un barco pese al pronunciado movimiento a consecuencia del oleaje. Ello era aún más admirable teniendo en cuenta su escasa experiencia en navegación de altura.

Seguramente aquello solo fue posible gracias a su pasión por la astronomía y una acentuada curiosidad innata que le permitía disfrutar con fruición de aquella experiencia, encontrando incluso en los momentos más duros del temporal, toda la grandeza y la belleza que el mar es capaz de ofrecer en cada una de sus diferentes facetas. Tampoco olvidaré el brillo en sus ojos y su cara de regocijo mientras contemplaba en cubierta el espectáculo del oleaje, recibía en proa los embates del viento y dejaba que el agua salada le salpicara con los incesantes rociones. Era la estampa de alguien que ha sabido conservar la curiosidad y la ilusión de la infancia por todo lo novedoso y admirable que ofrece al paso la vida, la de un navegante y la de un explorador cautivado por lo desconocido, por lo que hay más allá del horizonte o del firmamento. Entre los muchos recuerdos maravillosos, también aquel otro igualmente indeleble, cuando pudimos contemplar un espectacular eclipse lunar desde la cubierta del barco, que el destino —quizás más por "causalidad" que por casualidad— quiso que coincidiera con nuestra travesía y que todos esperábamos con ilusión ya que Antonio nos había informado de la efeméride puntualmente: tras una maravillosa puesta de Sol y con la mar ya en calma, ante nuestros ojos la Luna llena se iba oscureciendo con la sombra proyectada por la Tierra, mientras Antonio nos iba explicando con emoción todos los detalles de aquel sobrecogedor espectáculo celeste.

Esa misma ilusión es la que he podido sentir y disfrutar a lo largo de las páginas de este libro, que de nuevo me han permitido asomarme a la comprensión del universo y me han trasladado más allá de las estrellas, para navegar a través del firmamento en una travesía llena de infinitas preguntas y algunas respuestas. Como suele suceder, a medida que despertamos al conocimiento de una materia, también tomamos conciencia de lo mucho que todavía ignoramos. De todo lo que falta por descubrir y aprender. De los océanos del conocimiento que todavía nos quedan por navegar. De la belleza que encierran los nuevos territorios del saber, todavía inexplorados. Del interés por la astronomía que Antonio es capaz de despertar en sus oyentes y lectores, desde la maestría que solamente germina en las mentes más curiosas, apasionadas e inteligentes y en los espíritus libres, que no se conforman únicamente con lo conocido e inmediato. También la lección de humildad implícita en su talante humano y cercano, al ponerlo en contraste con sus amplios conocimientos y en esa aproximación al tamaño del universo, cuyas dimensiones trascienden lo imaginable y que tímidamente estamos comenzando a desvelar.

Este libro es un recorrido por el tiempo y el espacio que nos invita a cerrar los ojos para contemplar aquel destello infinitesimal que dio origen a todo lo conocido, cuando las partículas empezaron a expandirse y agregarse, para ir conformando, en medio de un océano de oscuridad, las primeras nubes de gas, que a su vez darían origen a las primeras estrellas y galaxias. Un paseo espacial por nuestro sistema solar, por sus planetas y satélites, o navegando hacia los exoplanetas donde, en cualquier caso, la Tierra es la nave en movimiento en la que todos viajamos y cuya breve historia tan solo constituye un minúsculo instante de la inabarcable dimensión del universo. También una mirada al origen del ser humano y a nuestros antepasados, que llevados por la imaginación, la curiosidad, la observación y un conocimiento con frecuencia mucho más profundo de lo que pudiéramos sospechar —como el contenido en el sorprendente y misterioso mecanismo de Anticitera—, fueron engarzando las constelaciones y asterismos con la mitología y su panteón de dioses con las estrellas que decoran el cielo nocturno y, posteriormente, conformando y descubriendo a lo largo de los siglos las leyes de la astrofísica que rigen en el universo o abandonando la atmósfera terrestre a bordo de los primeros cohetes y naves espaciales. Un apasionante viaje guiado con maestría por Antonio, que tras su lectura nos invita a seguir elevando nuestra mirada al firmamento para imaginar otros mundos más allá de nuestro sistema solar y, quizás, otras formas de vida diferentes a las conocidas con las que apenas hemos empezado a soñar.

REFERENCIAS

Artículos científicos y divulgativos consultados

Álvarez, J. (2022) Georges Lemaître, el sacerdote y científico belga autor de la teoría del Big Bang. *La Brújula Verde.* https://www.labrujulaverde.com/2022/07/georges-lemaitre-el-sacerdote-y-cientifico-belga-autor-de-la-teoria-del-big-bang

Anglada-Escudé, G., *et al.* (2013). A dynamically-packed planetary system around GJ 667C with three super-Earths in its habitable zone. *Astronomy & Astrophysics,* 556, A126. https://doi.org/10.1051/0004-6361/201321331

Artigas, M. (1995). Georges Lemaître, el padre del "big bang". *Aceprensa.* https://web.archive.org/web/20070823173639/http://www.aceprensa.com/articulos/1995/jun/07/georges-lema-tre-el-padre-del-big-bang/

Bagheri, A., Khan, A., Efroimsky, M., *et al.* (2021). Dynamical evidence for Phobos and Deimos as remnants of a disrupted common progenitor. *Nature Astronomy,* 5, pp. 539-543. https://doi.org/10.1038/s41550-021-01306-2

Batygin, K., Laughlin, G. (2015). Jupiter's decisive role in the inner Solar System's early evolution. *Proceedings of the National Academy of Sciences,* 112, iss. 14, p.4214-4217. https://doi.org/10.1073/pnas.1423252112

Benítez-Herrera, S. (2020). Las cefeidas de Henrietta (I). *Instituto de Astrofísica de Canarias.* https://www.iac.es/es/blog/vialactea/2020/04/las-cefeidas-de-henrietta-i

Bickel, V. T. *et al.* (2025). New Impacts on Mars: Systematic Identification and Association With InSight Seismic Events. *Geophysical Research Letters,* 52, iss. 3.
https://doi.org/10.1029/2024GL109133

Birch. N. (2008). 7,000 years older than Stonehenge: the site that stunned archaeologists. *The Guardian.*
https://www.elmundo.es/elmundo/2008/04/23/ciencia/1208980704.html

Dicke, R., Peebles, P., Roll, P., Wilkinson, D. (1965). Cosmic Black-Body Radiation. *The Astrophysical Journal,* 142, p. 414-419.
https://doi.org/10.1086/148306

Dietrich, L., Meister, J., Dietrich, O., Notroff, J., Kiep, J., Heeb, J., *et al.* (2019). Cereal processing at Early Neolithic Göbekli Tepe, southeastern Turkey. *PLoS ONE,* 14, iss. 5:e0215214.
https://doi.org/10.1371/journal.pone.0215214

Dobrijevic, D., Howell, E. (2022). What is the cosmic microwave background? *Space.com.*
https://www.space.com/33892-cosmic-microwave-background.html

Dybczyński, P., Królikowska, M. (2018). Investigating the dynamical history of the interstellar object 'Oumuamua. *Astronomy & Astrophysics,* 610, L11.https://doi.org/10.1051/0004-6361/201732309

Evans, J. E., Maunder, E.W. (1903). Experiments as to the Actuality of the "Canals" observed on Mars. *Monthly Notices of the Royal Astronomical Society,* 63, iss. 8, pp. 488-499.
https://doi.org/10.1093/mnras/63.8.488

Flores, J. (2012) ¿Qué es una unidad astronómica? *Muy Interesante.*
https://www.muyinteresante.com/curiosidades/7857.html

Freeth, T., Higgon, D., Dacanalis, A., et al. (2021). A Model of the Cosmos in the ancient Greek An-tikythera Mechanism. *Scientific Reports,* 11, 5821.
https://doi.org/10.1038/s41598-021-84310-w

Gillon, M., Triaud, A., Demory, B., *et al.* (2017). Seven temperate terrestrial planets around the near-by ultracool dwarf star TRAP-PIST-1. *Nature*, 542, 456-460.
https://doi.org/10.1038/nature21360

Giuranna, M., Viscardy, S., Daerden, F., *et al.* (2019). Independent confirmation of a methane spike on Mars and a source region east of Gale Crater. *Nature Geoscience*, 12, pp. 326-332.
https://doi.org/10.1038/s41561-019-0331-9

Gómez-Esteban, P. (2014) Confirmada la inflación cósmica - Qué, cómo, dónde, cuándo. *El Tamiz*.
https://eltamiz.com/2014/04/01/confirmada-inflacion-cosmica/

Grotzinger, J. *et al.* (2015). Deposition, exhumation, and paleoclimate of an ancient lake deposit, Gale crater, Mars. *Science*, 350, iss. 6257.
https://doi.org/10.1126/science.aac7575

Herschel, W. (1784). xix. On the remarkable appearances at the polar regions of the planet Mars, and its spheroidical figure; with a few hints relating to its real diameter and atmosphere. *Philosophical Transactions of the Royal Society of London*, 74, pp. 233-273.
https://doi.org/10.1098/rstl.1784.0020

Jenkins, J. *et al.* (2015). Discovery and validation of Kepler-452b: a 1.6 R⊕ super Earth exoplanet in the habitable zone of a G2 star. *The Astronomical Journal*, 150, iss. 2.
https://doi.org/10.1088/0004-6256/150/2/56

Khan, A. *et al.* (2021). Upper mantle structure of Mars from InSight seismic data. *Science*, 373, iss. 6553, pp. 434-438.
https://doi.org/10.1126/science.abf2966

Knapmeyer-Endrun, B. et al. (2021). Thickness and structure of the martian crust from InSight seis-mic data. *Science*, 373, iss. 6553, pp. 438-443.
https://doi.org/10.1126/science.abf8966

Knapton, S. (2017) The comet that led to the dawn of civilization (2017). *National Post.*
https://www.pressreader.com/canada/vancouver-sun/20170422/281831463616041

Labbé, I., van Dokkum, P., Nelson, E., et al. (2023). A population of red candidate massive galaxies ~600 Myr after the Big Bang. *Nature*, 616, p. 266-269.
https://doi.org/10.1038/s41586-023-05786-2

Leavitt, H.S., Pickering, E. C. (1912). Periods of 25 variable stars in the Small Magellanic Cloud. *Harvard College Observatory Circular*, 173: 1-3. Bibcode:1912HarCi.173....1L.
https://articles.adsabs.harvard.edu/pdf/1912HarCi.173....1L

Lemaître, G. (1931) The Beginning of the World from the Point of View of Quantum Theory. *Nature*, 127, 706.
https://doi.org/10.1038/127706b0

López, A. (2017). Cecilia Payne-Gaposchkin: "La astrónoma que descubrió la composición de las estrellas". *Mujeres con Ciencia.*
https://mujeresconciencia.com/2017/04/12/cecilia-payne-gaposchkin-la-astronoma-descubrio-la-composicion-las-estrellas/

Mangold, N. *et al.* (2021). Perseverance rover reveals an ancient delta-lake system and flood deposits at Jezero crater, Mars. *Science*, 374, iss. 6568, pp. 711-717.
https://doi.org/10.1126/science.abl4051

Marcy, G., Butler, P., *et al.* (1997). The Planet around 51 Pegasi*. *The Astrophysical Journal*, 481, 926.
https://doi.org/10.1086/304088

Martínez González, E. (2006). El Big Bang y el fondo cósmico de microondas. *El País.*
https://elpais.com/diario/2006/10/11/futuro/1160517601_850215.html

Mayor, M., Queloz, D. (1995). A Jupiter-mass companion to a solar-type star. *Nature,* 378, pp. 355-359.
https://doi.org/10.1038/378355a0

Mazzali, P. et al. (2007). A Common Explosion Mechanism for Type Ia Supernovae. *Science,* 315, iss. 5813, pp. 825-828.
https://doi.org/10.1126/science.1136259

Menten, K.M. et al. (2007). The distance to the Orion Nebula. *Astronomy & Astrophysics,* 474, pp. 515-520.
https://doi.org/10.1051/0004-6361:20078247

Miller-Jones, J., Bahramian, A., Orosz, J. A., et al. (2021). Cygnus X-1 contains a 21–solar mass black hole – Implications for massive star winds. *Science,* 371, iss. 6533, p.1046–1049.
https://doi.org/10.1126/science.abb3363

Mischna, M.A., Shirley, J.H. (2017). Numerical Modeling of Orbit-Spin Coupling Accelerations in a Mars General Circulation Model: Implications for Global Dust Storm Activity. *Planetary and Space Science,* 141, pp. 45-72.
https://doi.org/10.1016/j.pss.2017.04.003

O'Dell, R. et al. (2007). The Three-Dimensional Ionization Structure and Evolution of NGC 6720, The Ring Nebula. *Astronomical Journal,* 134, iss. 4, 1679.
https://doi.org/10.1086/521823

Ohnaka, K. et al. (2013). High spectral resolution imaging of the dynamical atmosphere of the red supergiant Antares in the CO first overtone lines with VLTI/AMBER. *Astronomy & Astrophysics,* 555, A24.
https://doi.org/10.1051/0004-6361/201321063

Ojha, L. et al. (2014). HiRISE observations of Recurring Slope Lineae (RSL) during southern sum-mer on Mars. *Icarus,* 231, pp. 365-376.
https://doi.org/10.1016/j.icarus.2013.12.021

Payne, C. (1925). Stellar Atmospheres: a Contribution to the Observational Study of High Tempera-ture in the Reversing Layers of Stars. *Nature*, 116, p.530-532.
https://doi.org/10.1038/116530a0

Penzias, A., Wilson R. (1965). A Measurement of Excess Antenna Temperature at 4080 Mc/s. *The Astrophysical Journal*, 142, p. 419-421.
https://doi.org/10.1086/148307

Pérez-Torres, M. A. (2015). Penzias, Wilson, Dicke y el fondo de microondas. *Astronomía Magazine*, 187, p. 74-75.

Pérez-Verde, A. (2019). El metano marciano y el dilema europeo. *Astrométrico*.
https://astrometrico.es/2019/07/21/apolo-11-maniobras/

Pérez-Verde, A. (2019). Una maniobra crítica en el Apolo 11. *Astrométrico*.
https://astrometrico.es/2019/07/21/apolo-11-maniobras/

Pérez-Verde, A. (2019). Nobel de Física: Los exoplanetas están de enhorabuena. *Astrométrico*.
https://astrometrico.es/2019/10/08/nobel-de-fisica-exoplanetas/

Pérez-Verde, A. (2021). "Hola Tierra", de Antonio Arias. *Astrométrico*.
https://astrometrico.es/2021/03/23/hola-tierra-antonio-arias/

Pérez-Verde, A. (2023) Las galaxias que no deberían existir. *Astrométrico*.
http://astrometrico.es/2023/03/04/galaxias-que-no-deberian-existir/

Pérez-Verde, A. (2023) Georges Lemaître: el sacerdote que convenció a Einstein. *Astrométrico*.
http://astrometrico.es/2023/03/08/lemaitre-el-sacerdote-que-convencion-a-einstein/

Pickering, E.C. (1890). The Draper Catalogue of stellar spectra photographed with the 8-inch Bache telescope as a part of the Henry Draper memorial. *Annals of the Astronomical Observatory of Harvard College*, 27. Bibcode: 1890AnHar..27....1P

Pla-García, J. (2016). Las temperaturas del aire en Marte raramente son positivas. *Astrométrico.* https://astrometrico.es/2016/06/28/las-temperaturas-del-aire-en-marte-raramente-son-positivas/

Pla-Garcia, J., Rafkin, S., Karatekin, S., Gloesener, E. (2019). Comparing MSL Curiosity Rover TLS-SAM Methane Measurements With Mars Regional Atmospheric Modeling System Atmospheric Transport Experiments. *Journal of Geophysical Research: Planets,* 124, iss. 8, pp. 2141-2167. https://doi.org/10.1029/2018JE005824

Ramírez, I., Allende-Prieto, C. (2011). Fundamental Parameters and Chemical Composition of Arcturus. *The Astrophysical Journal,* 743, 135. https://doi.org/10.1088/0004-637X/743/2/135

Ribas, I. *et al.* (2005). First Determination of the Distance and Fundamental Properties of an Eclipsing Binary in the Andromeda Galaxy. *The Astrophysical Journal,* 635, n.1, L37. https://doi.org/10.1086/499161

Riess, A., Flori, J., Valls-Gabaud D. (2012). Cepheid period-luminosity relations in the near-infrared and the distance to M31 from the Hubble Space Telescope Wide Field Camera 3*. *The Astrophysical Journal,* 745, iss. 2. https://doi.org/10.1088/0004-637X/745/2/156

Sloane, S., Guinan, E., Engle, S. (2023). Super-Earth GJ 667Cc: Age and XUV Irradiances of the Temperate-zone Planet with Potential for Advanced Life. *Research Notes of the AAS,* 7, num. 6. https://doi.org/10.3847/2515-5172/ace189

Staelin, D., Reinfenstein III, E. (1968). Pulsating Radio Sources near the Crab Nebula. *Science,* 162, iss. 3861, p.1481-1483. https://doi.org/10.1126/science.162.3861.1481

Stähler, S.C. *et al.* (2021). Seismic detection of the martian core. *Science,* 373, iss. 6553, pp. 443-448. https://doi.org/10.1126/science.abi7730

Sweatman, M., Tsikritsis, D. (2017). Decoding Göbekli Tepe with Archaeoastronomy: What does the fox say? *Mediterranean Archaeology and Archaeometry*, 17, iss. 1, p.233-250. https://doi.org/10.5281/zenodo.400780

Ule, O. (1851). Was wir in den Sternen lesen. *Deutsches Museum: Zeitschrift für Literatur, Kunst und Öffentliches Leben*, 1: 721-738.

Vickel, V. T. et al. (2025). New Impacts on Mars: Systematic Identification and Association With InSight Seismic Events. *Geophysical Research Letters*, 52, iss. 3. https://doi.org/10.1029/2024GL109133

Villatoro, F. (2012). La inflación cósmica. *La ciencia de la Mula Francis*. https://francis.naukas.com/2012/06/26/la-inflacion-cosmica/

Webster, C.R. et al. (2018). Background Levels of Methane in Mars' Atmosphere Show Strong Sea-sonal Variations. *Science*, 360, iss. 6393, pp.1093-1096. https://doi.org/10.1126/science.aaq0131

Webster, C.R. *et al.* (2021). Day-night differences in Mars methane suggest nighttime containment at Gale crater. *Astronomy & Astrophysics*, 650, A166. https://doi.org/10.1051/0004-6361/202040030

Welch, B., Coe, D., Diego, J.M. et al. (2022). A highly magnified star at redshift 6.2. *Nature*, 603, pp. 815-818. https://doi.org/10.1038/s41586-022-04449-y

Williams, M. (2017). Did A Comet Impact Push Humans Into Technological Overdrive? *Universe Today*. https://www.universetoday.com/135240/comet-impact-push-humans-technological-overdrive/

Wright, M. (2005). The Antikythera Mechanism: a new gearing scheme. *Bulletin of the Scientific Instrument Society*, 85:2-7.

Libros consultados

Briones, C. (2020). ¿Estamos solos? *En busca de otras vidas en el cosmos.* Crítica.

Cleal, R., Montague, R., Walker, K. (1999). *Stonehenge in its Landscape: Twentieth-century excavations.* English Heritage Archaeological Monographs.

Galileo G. (1610). *Noticiero Sideral.* Edición Conmemorativa del IV Centenario de la publicación de Sidereus Nuncius. Traducción del latín, a partir de la edición de Venecia 1610. MUNCYT.

Jones, B. & Boyd, L. (1971). *The Harvard College Observatory: The first four directorships.* Cambridge: M.A. Belknap Press of Harvard University Press.

Karttunen, H. (2003). *Fundamental Astronomy.* Springer.

Lázaro-Lázaro, E. (2019). *La vida, un viaje hacia la complejidad en el universo.* Sicomoro.

Marchant, J. (2022). *A la luz de las estrellas.* Espasa.

Pérez-Verde, A. (2022). *Marte, el enigmático planeta rojo.* Pinolia.

Pérez-Verde, A. (2022). *Por qué mirábamos las estrellas.* Cálamo.

Sagan, C. (1997). *Contact.* Orbit Publishers.

Schiaparelli, G. (1867). *Note e riflessioni intorno alla teoria astronomica delle stelle cadenti.* Firenze Stamperia Reale.

Vaquerizo Gallego, J. A. (2020). *Marte y el enigma de la vida.* Los libros de la Catarata (Colección "Qué sabemos de").

Ward, B. (2005). *Dr. Space: The Life of Wernher von Braun.* Naval Institute Press.

AGRADECIMIENTOS

Cuando terminas de escribir un libro, son muchas las personas a las que deseas agradecer su ayuda, apoyo, consejos y demás contribuciones. Dejarlo por escrito me parece la mejor manera de expresarlo.

En primer lugar, quiero dar las gracias a la editorial Menoscuarto, especialmente a José Ángel Zapatero por volver a confiar en mí para publicar un libro. Siempre es un placer trabajar con vosotros.

Por supuesto, agradezco a mi pareja, Rosana Román, por estar a mi lado durante toda la redacción de este manuscrito, apoyándome, leyendo cada parte y sugiriendo cambios para mejorar su comprensión. También a Amparo y Antonio —mis padres— y a Mariam —mi hermana— por su apoyo constante a lo largo de todo el proceso.

Mi gratitud también a Javier Cacho y Alberto de Zunzunegui por permitirme embarcarme en aquella aventura a bordo del Atlantis. Ya os tenía mucho que agradecer, y ahora todavía más por formar parte de este libro al escribir el prólogo y el epílogo. Quiero agradecer también la labor de mis compañeros de travesía, ya que fueron el primer filtro de lo que posteriormente sería este libro: José María Abaitua, Ángel Barral, Helena García, Jordi García, Josep Gutiérrez, Carlos Pérez, Antonio Puldain, Rosana Román y, por supuesto, Alberto de Zunzunegui. También a Jos van Leerzem —capitán del Atlantis— y al resto de la tripulación.

Agradezco enormemente a ese grupo de amigos que, con la lectura de fragmentos del manuscrito y sus sugerencias, han contribuido a mejorar este libro en todos los sentidos. Desde aquí, mil gracias a Edu Baos, Raquel Carril, David Fernández, Iván Ferreiro, José Luis

Gallego, Pascual García, Anni B Sweet, Paloma Manzano, José Manuel Mateos, Javi Moreno y Diego Penedo. Desde el punto de vista científico, mi agradecimiento a Ester Lázaro, Jesús Martínez-Frías y Jorge Pla por el tiempo que me han dedicado y porque me han hecho llegar sus observaciones para que el rigor con el que he tratado de elaborar el manuscrito sea el máximo posible.

Quiero dar las gracias también a Javier Sierra, quien me sugirió escribir sobre Göbekli Tepe cuando este libro no era más que un boceto, además de proporcionarme valiosa información al respecto. También le agradezco sus consejos, pues para mí es un privilegio que un Premio Planeta de Novela como él haya estado tan pendiente de la evolución del manuscrito.

Siempre tengo palabras de agradecimiento para quienes considero mis mentores desde que decidí escribir mi primer libro. Hoy, con este tercero, sigo teniéndolos en mente. Ellos son Dani Torregrosa, Carlos Briones y José Manuel López-Nicolás. No sé si son conscientes, pero mis conversaciones con ellos me han ayudado a consolidar algunos de los conceptos que aparecen en este libro.

Me gustaría agradecer también a Michel Mayor, que por su cercanía y pasión en la rama de los exoplanetas me resultó una gran fuente de inspiración. En aquellos días me acompañaba Luis Cuesta, la primera persona que confió en mí para involucrarme en un proyecto científico, también relacionado con exoplanetas. Lamentablemente, nos dejó en 2024, y aunque siempre lo supo, quiero reiterarle mi agradecimiento por todo.

Por último, gracias a ti, lector, lectora. Espero que el tiempo que has invertido en este libro haya sido satisfactorio. Jamás olvides que tú eres la parte más importante de todo, porque sin ti, nada de esto sería posible.